이미지 & 스타일링 업

IMAGE & STYLING UP

오인영 · 송서현 · 유한나

구민사

이미지 & 스타일링 업

초판인쇄 | 2023년 6월 10일
초판발행 | 2023년 6월 20일

저　　자 | 오인영·송서현·유한나
발 행 인 | 조규백
발 행 처 | 도서출판 구민사
(07293) 서울시 영등포구 문래북로 116, 604호(문래동 3가 46, 트리플렉스)
전　　화 | (02) 701-7421~2
팩　　스 | (02) 3273-9642
홈페이지 | www.kuhminsa.co.kr
신고번호 | 제 2012-000055호(1980년 2월 4일)
I S B N | 979-11-6875- 243-6 (13590)
정　　가 | 28,000원

Preface 머리말

현대사회에서 '이미지(Image)'는 미디어 커뮤니케이션의 중요한 활동으로 인식되고 있으며 면대면(面對面) 뿐만 아니라, 다양한 현대 미디어(Media)를 활용한 분야에서 그 역할과 의미가 날로 중요해지고 있다.

이미지메이킹은 현대 생활 예절의 필요한 요소로서 자신을 돌보고 관리하는 것에서 시작하여 타인을 배려하는 것으로 이어지는 '사회적 행위'이며 자신을 좀 더 매력적으로 표현하고자 하는 것에서 시작하여 구체적으로 자신을 디자인해 나가는 과정이다.

다시 말해 '이미지메이킹(Image Making)'이란 외모와 외적인 이미지를 강화함으로써 내적 이미지를 끌어내어 시너지 효과를 일으키는 커뮤니케이션이다.

이 책은 이미지메이킹에 대한 기본적인 개념을 파악하고, 현장에서 활용하는데 참고할 수 있도록 구성하였다.

〈Part 01〉 '이미지메이킹'에서는 이미지의 개념과 의미, 자아 이미지, 얼굴 이미지 및 비주얼 이미지에 관하여 다루었다.

〈Part 02〉 '자기(自己)와 외모(外貌)'에서는 자기의 개념과 특성, 대인지각(代人知覺) 이론, 외모 관련 사회심리학 이론에 관하여 설명하였다.

〈Part 03〉 '뷰티 스타일링 이미지'에서는 피부미용, 메이크업, 헤어미용, 네일미용에 관하여 설명하였다.

〈Part 04〉 '패션 스타일링 이미지'에서는 패션의 의미와 패션 실루엣, 패션 소재, 감성에 따른 테마별 패션 이미지, 패션 스타일링에 관하여 다루었다.

〈Part 05〉 '컬러 이미지와 스타일링'에서는 컬러의 이해와 이미지, 배색 이미지와 색채의 감정, 퍼스널컬러에 관하여 설명하였다.

〈Part 06〉 '커뮤니케이션과 고객 응대 서비스'에서는 커뮤니케이션과 고객 응대 서비스, 글로벌 비즈니스 매너, 면접 이미지에 관하여 설명하였다.

이 책의 출판을 위해 도움을 주신 도서출판 구민사 조규백 대표님과 직원 여러분께 감사의 인사를 드리며, 퍼스널 이미지 연출에 본서가 도움이 되길 기대한다.

2023년 06월
저자 일동

Contents 목차

03 뷰티 스타일링 이미지

1. 피부미용

2. 메이크업

3. 헤어미용

4. 네일미용

Contents 목차

04 패션 스타일링 이미지

05 컬러 이미지와 스타일링

06 커뮤니케이션과 고객 응대 서비스

07 부록

IMAGE MAKING

이미지메이킹

01

1. 이미지(Image) 개념과 의미

1) 이미지(Image)

이미지(Image)는 라틴어 '이마고 (Imago: 흉내 내다)'가 그 어원이며, 사전적인 의미로는 형태나 모양, 느낌, 영상, 관념 등을 의미한다. 따라서 이미지는 어느 대상, 특히 사람의 경우 외적인 모습, 상상 또는 상징, 표상이라고 정의된다.

(1) **시각적인 형상이나 표상** : 사진, 그림, 도표 등으로 표현된 시각적인 요소이다.

(2) **상상 속의 형상** : 마음속에 상상하는 형상이나 모습이다.

(3) **인식이나 인상을 전달하는 표상** : 특정 개념, 아이디어, 메시지 등을 시각적으로 전달하는 도구 또는 표현 방법이다.

(4) **현실적이거나 상징적인 의미를 갖는 표상** : 특정 상황, 개념, 개체 등과 연관된 시각적인 표상이나 상징적인 의미를 갖는 것이다.

현대사회에서 '이미지(Image)'는 커뮤니케이션 미디어의 중요한 활동으로 인식되고 있으며 면대면(面對面) 뿐만 아니라, 다양한 현대 미디어(Media)를 활용한 분야에서 더욱 그 역할과 의미가 날로 중요해지고 있다.

이미지는 '외적 이미지'와 '내적 이미지'로 구분할 수 있으며 '내적 이미지'는 각자의 심리적, 정신적 특성으로 사람의 내면에 있는 생각, 습관, 감정, 욕구, 심성 등을 통해 은연중에 표출되지만 용모, 복장, 태도, 표정, 메이크업, 자세 등에 의해 표현되는 '외적 이미지'는 보다 직접적이며 짧은 시간 안에 전달한다.

이미지 = 내적이미지(Personality) + 외적이미지(Appearance)

학·습·활·동

나의 이미지 찾기

내가 생각하는 이미지는?

상대가 생각하는 이미지는?

2) 이미지메이킹(Image Making)

'이미지메이킹'은 '이미지(Image)'와 '메이킹(Making)'이라는 두 외래어의 합성어이다.

'이미지메이킹(Image Making)'이란 외모와 외적인 이미지를 강화해서 내적 이미지를 끌어내어 시너지 효과를 일으키는 커뮤니케이션으로 자신의 모습을 상대에게 매력적으로 상황에 맞게 이미지화시키고 자신의 능력을 돋보이게 만드는 것이다.

이미지메이킹은 현대 생활 예절의 필요한 요소로서 자신을 돌보고 관리하는 것에서 시작하여 타인을 배려하는 것으로 이어지는 '사회적 행위'이며, 자신을 좀 더 매력적으로 표현하고자 하는 것에서 시작하여 구체적으로 자신을 디자인해 나가는 과정이다.

'외모(外貌)'란 생김새가 아니라 '외적으로 나타나는 메시지'로 비언어적 커뮤니케이션의 한 매체라 할 수 있으며, 이는 '표정, 자세, 매너, 화술, 억양, 패션 등 다양한 외적 이미지 요소들'이 상호작용하여 전달되는 느낌들이다.

효과적인 이미지메이킹은 'What to show(무엇을 보여줄 것인가)'보다는 'How to show(어떻게 보여줄 것인가)'가 핵심이다.

자신의 잠재력과 차별화, 특성화 전략은 경쟁 시장에서의 성패를 좌우하며 자신의 단점을 보완하고 장점을 부각하는 효과적 기술로서의 '이미지메이킹'은, 이제 특정 전문인에게만 국한된 분야가 아니라 현대인에게 있어 성공적인 삶을 위한 필수 요소이다.

기업 및 조직뿐만 아니라 개인의 브랜드 가치도 긍정적이고 호감 가는 이미지로 창출하는 것이 더욱더 중요해짐에 따라 개인의 인지도 향상을 위한 홍보와 전문적인 콘텐츠 구축을 위해 체계적인 이미지 관리가 필요하다(정수인 외, 2011).

따라서 '이미지메이킹'은 그 이미지를 현실화하기 위해 개인의 잠재적 능력을 최대한 활용하여 개인을 가장 훌륭한 모습으로 표현되도록 의도적으로 만들어가는 과정이라 말할 수 있다(김정은, 2003).

즉, 시각 언어의 효율적 사용을 통한 자신의 최상의 모습을 끌어내는 일이다.

이미지메이킹 교육의 중요성을 주장한 전미혜(2011)는 이미지메이킹 교육은 인간관계를 효과적으로 할 뿐만 아니라 '긍정적인 마인드'로 생활하는 것을 도와준다고 하였으며, 이를 바탕으로 내적·외적 이미지 관리에 도움이 될 수 있는 다양한 교육 프로그램이 개발되어야 한다고 하였다.

3) 이미지 컨설팅(Image Consulting), 이미지 컨설턴트(Image Consultant)

'이미지 컨설팅'은 특정 개인이나 조직, 나아가 국가 등의 이미지를 긍정적으로 메이킹 하는 데 필요한 커뮤니케이션 행위이다.

이 과정에서 필수적으로 요구되는 것이 이미지메이킹을 코디네이션하는 전문가, 즉 '이미지 컨설턴트(Image Consultant)'이다. 성공적인 대인관계와 내적, 외적으로 경쟁력 있는 자신만의 이미지를 구축하기 위해서는 전문가의 객관적인 진단과 분석을 통해 자신의 장단점을 파악하는 것이 필요하다.

개인 및 직장에서 필요한 이미지 향상을 위해 시각적으로 효과적인 컨설팅의 세 가지 핵심 영역이 있으며, 그 내용은 다음과 같다.

첫째, '외모'(패션, 컬러, 워드로브 개발과 메니지먼트, 퍼스널 쇼핑 등).
둘째, '행동과 매너'(자세, 걸음걸이, 에티켓 등).
셋째, '커뮤니케이션'(좋은 목소리, 효과적인 의사소통)의 모든 일련의 과정들을 코칭하고 트레이닝 하는 것을 말한다.

이와 같이 외모 부분의 전문가로는 패션 스타일리스트, 메이크업 아티스트, 보디 디자이너 등이 있고, 행동과 커뮤니케이션 부분에는 자세, 매너 코치, 스피치와 보이스 컨설턴트 등과 기업 이미지 부분에는 교육담당자나 사내 강사, 브랜드 홍보나 기획 담당자 등으로 나누어 볼 수 있다.

이미지 컨설턴트는 고객의 모든 이미지 요소(표정, 패션, 메이크업, 매너, 화술, 마음가짐 등)를 총괄하므로 디자인, 복식, 심리, 색채, 메이크업 등에 대한 지식뿐만 아니라 대화기술 및 대인관계 등의 종합적 능력이 필요하다. 또한 상담 및 대화 능력, 코칭 및 강의 능력과 복식, 컬러, 헤어 및 메이크업 등의 전문 지식, 미적 감각 등이 요구된다.

"이미지 컨설턴트"를 정리하면 다음과 같다.

이미지 컨설턴트

1. 상황과 목적에 어울리는 효과적인 전략을 세우고 실제 대상에게 어울리는(Time, Place, Occasion) 이미지메이킹 스타일링을 기획. 컨설팅 할 수 있는 전문가
2. 의복, 메이크업, 헤어 스타일링, 컬러 관련 전문지식을 토대로 토탈 스타일링을 할 수 있는 전문가
3. 행동, 매너, 커뮤니케이션 영역을 관리하고 지도할 수 있는 전문가

(1) 직업 개요

① 다른 사람이 어떤 대상을 보거나 생각할 때 갖게 되는 인상을 의도적으로 만들어 내는 일을 수행한다.

② 이미지를 만들거나 관리하는 일에 관한 전문적인 의견이나 조언을 말하여 주는 사람(국어사전)

(2) 직무 정의

① 개인이나 단체의 성격이나 특성을 분석하여 그에 적합한 이미지를 만들어주고 고객이 그러한 이미지를 꾸준히 간직할 수 있도록 관리하는 직무이다.

② 고객에게 맞는 의복, 화장법, 상황에 맞는 대화법 등 개선방향을 제시하여 최적의 이미지를 찾아주는 일을 담당한다.

(3) 수행 직무

① 고객의 새로운 이미지를 창조하기 위해 의상이나 표정, 몸짓 등 다양한 영역에서의 개인의 문제점을 파악하고 분석한 뒤, 상황에 맞는 대화법이나 화장법, 의복 등 개선 방향을 지도한다.

(4) 직업 분류명

① 서비스(전문직)

(5) 핵심 능력

① 언어 능력 및 대인관계 능력

(6) 유사 직업명

① 이미지 메이커

② 이미지 관리인

③ 기업인 이미지 컨설턴트

④ 퍼스널 쇼퍼

⑤ 정치인 이미지메이킹 컨설턴트

「국제이미지컨설턴트협회(AICI)에 따르면 「이미지 컨설팅」은 여성 및 남성 그리고 기업에 상담, 코칭, 프레젠테이션, 세미나, 워크숍을 통해 외모, 행동, 의사소통 기술에 대한 컨설팅을 말하며 그 외 제공할 수 있는 다양한 서비스를 지칭한다.

이미지 컨설팅의 핵심 영역을 정리하면 다음 표와 같다.

서비스 유형	서비스 내용
이미지 분석이나 변화를 위한 컨설팅	새로운 이미지를 개발하고 도움을 줄 수 있는 부분에 대해 객관적으로 분석하고 고객에게 정보 제공
신체분석	신체와 체형을 분석하여 어울리는 스타일 제안
옷장분석&패션 스타일링	고객의 현재 옷장을 검토하여 폐기, 수선, 구입해야 하는 아이템을 결정하고, 잘 활용할 수 있도록 코디 제안
색상분석	얼굴 피부색에 맞는 색상을 진단 및 조언하여 베스트 컬러와 워스트 컬러를 구분 어울리는 의상, 헤어, 메이크업 컬러 제안
메이크업& 헤어스타일 분석	얼굴형에 어울리는 메이크업, 피부 관리, 헤어스타일, 액세서리 등 코칭 및 조언
언어적 커뮤니케이션	음성, 문법, 어휘, 대화법 등 코칭 및 조언
비언어적 커뮤니케이션	제스처, 자세, 아이컨텍 등의 신체 언어를 코칭
에티켓 컨설팅	비즈니스 매너, 사회적인 품위, 테이블 매너, 국제매너 등 코칭
옷장 정리	수납 및 아이템별 정리
개인쇼핑	구매 의상 및 그 외 쇼핑 컨설팅

*(이진하, 2013a)

수용자(고객) 요구사항에 맞게 옷장 관리, 외모관리, 코칭, 보디랭귀지 및 에티켓과 효과적인 대화법 등 전체 과정을 관리하면서 고객의 특성이 표현되도록 심리적, 사회적, 신체적, 예술적 측면 모두를 고려해야 한다.(www.imageprofessionalsassociation.org. 2015)

국내에서 이미지 컨설팅 업체는 1993년부터 나타났으며, 항공 승무원 양성 교육, 병원코디네이터 양성, 서비스 교육 등을 담당하는 서비스 개발 교육 업무에서 이미지 교육까지 범위를 확장하였다(정수인·신세영 외, 2011).

미국의 비영리 단체인 "국제이미지컨설턴트협회(AICI)"는 1990년 설립하여 현재 약 5만 명의 이미지 컨설턴트들이 세계적으로 활동 중이며, 1,300개 이상의 기업이 회원으로 가입되어 있고 해마다 개최되는 글로벌 컨퍼런스를 통해 네트워크 강화 및 회원들의 사업 성장을 지원하고 있는 세계적인 전문 기구이다.

국제이미지컨설턴트협회(2015)에 따르면 전문적인 이미지 컨설턴트 양성을 위한 자격교육 및 세계 26개국에서 인증받는 국제 이미지 컨설턴트 자격시험을 수준별로 시행하고 있다.

2. 자아 이미지

1) 자아 이미지의 이해

자아 이미지는 개인의 정체성과 자아를 대표하는 이미지로 이미지메이킹은 이러한 자아 이미지를 형성하고 강화하는 과정을 말한다. 자아 이미지는 개인 또는 조직이 자신의 신원, 가치관, 목표 등을 시각적으로 표현하여 타인에게 전달하는 이미지를 의미하며, 개인 또는 조직의 신뢰성, 전문성, 독창성, 인상 등을 반영하여 타깃 대상과의 관계 형성, 신뢰 구축, 인식 조작 등을 목표로 한다. 이를 위해 로고, 슬로건, 색상, 디자인, 포장, 사진, 비디오 등 다양한 시각적 요소를 활용하여 자아 이미지를 형성하고 관리한다. 자아 이미지의 목적은 타인에게 원하는 인상을 심어주고, 자신의 목표와 가치를 효과적으로 전달하여 자신의 브랜드 혹은 개인적인 아이덴티티를 구축하고 유지하는 것이다.

자아 이미지는 개인의 자아 개념과 외부 인식, 자기 표현, 행동과 특징, 역량과 업적 등의 다양한 구성 요소들이 상호작용하여 형성되는 개념으로, 이러한 구성 요소들은 개인의 신원과 자기 인식을 형성하고, 타인들과의 상호작용에서 중요한 역할을 한다.

일반적으로 자아 이미지의 구성 요소는 다음과 같다.

(1) **자아 개념(Self-Concept)** : 자아 이미지의 가장 핵심적인 구성 요소는 개인의 자아 개념이다. 자아 개념은 개인이 자신을 어떻게 인식하고 이해하는지를 나타내는 것으로, 개인의 신념, 가치관, 능력, 성격 특성, 감정 등을 포함한다. 자아 개념은 자기 인식에 영향을 미치며, 개인의 행동과 태도를 형성하는 데 중요한 역할을 한다.

(2) 외부 인식(Perceived Image) : 자아 이미지는 개인이 자신을 인식하는 것뿐만 아니라, 다른 사람들에게서 받는 외부 인식도 포함한다. 개인이 타인들로부터 어떻게 인식되는지에 대한 인식과 관련된 요소들이 이에 해당하며 타인들의 평가, 의견, 피드백 등은 개인의 자아 이미지를 형성하는 데 영향을 줄 수 있다.

(3) 자기 표현(Self-Presentation) : 자아 이미지는 개인이 자기 자신을 표현하는 방식과 관련이 있으며 자기 표현은 개인이 외부 세계에 자신의 정체성과 가치를 어떻게 보여주는지를 의미한다. 이는 언어, 모습, 행동, 복장, 스타일 등을 통해 이루어지며 자기 표현은 개인이 원하는 이미지를 구축하고, 타인들에게 자신을 소개하는 데 중요한 역할을 한다.

(4) 행동과 특징(Behaviors and Traits) : 개인의 행동 양식과 성격 특징도 자아 이미지의 구성 요소로 개인의 행동 방식, 습관, 능력, 성격 특성은 자아 이미지를 형성하는 데 영향을 미친다. 예를 들어, 자기 자신을 성실하고 신뢰할 수 있는 사람으로 인식하고자 한다면, 일관된 성실한 행동을 보이는 것이 중요하다.

(5) 역량과 업적(Competence and Achievements) : 개인의 역량과 업적은 자아 이미지를 형성하는 데 중요한 구성 요소로 개인의 능력, 전문성, 학업적 성과, 직업적 성취, 리더십 경험 등은 개인의 자아 이미지와 자신감을 형성하는 데 영향을 준다.

2) 자아 이미지의 관리

자아 이미지 관리는 개인이 자신의 인식과 이미지를 의도적으로 조작하고 유지하는 과정을 의미한다. 이는 개인이 타인에게 원하는 인상을 주거나 자신의 목표와 가치를 표현하는데 사용될 수 있으며 자아 이미지 관리는 개인의 외모, 행동, 의사소통 스타일, 소셜미디어 활용 등 다양한 측면을 포함할 수 있다.

(1) 자아 인식(Self-Awareness) : 자아 이미지 관리는 개인이 자신의 강점과 약점, 가치관, 목표 등을 인식하고 이를 바탕으로 자신의 이미지를 조절하는 과정을 포함한다.

(2) 목표지향성(Goal-Directedness) : 자아 이미지 관리는 개인이 특정한 목표를 설정하고 이를 달성하기 위해 자신의 이미지를 조작하는 과정을 포함한다. 예를 들어, 진로나 경력을 위해 원하는 이미지를 형성하는 등의 목표가 있을 수 있다.

(3) 자기 표현(Self-Expression) : 자아 이미지 관리는 개인이 자신의 개성과 가치를 표현하고 타인과의 상호작용에서 원하는 이미지를 전달하는 데에도 사용될 수 있으며 자기표현은 언어, 의복, 헤어스타일, 태도 등 다양한 방식으로 이루어질 수 있다.

(4) 인지적 일관성(Cognitive Consistency) : 자아 이미지 관리는 개인이 자신의 행동, 의사소통 및 외모를 일관되게 유지하려는 경향을 포함하며 이는 개인의 행동과 이미지 사이의 일관성을 유지하고 타인의 인식을 조작함으로써 자아 일관성을 유지하는 것을 의미한다.

(5) 소셜미디어 활용(Social Media Usage) : 현대 사회에서는 소셜미디어가 자아 이미지 관리에 중요한 도구로 사용되며 소셜미디어를 통해 개인은 자신의 이미지를 구성하고 관리하며, 원하는 인상을 주기 위해 적절한 콘텐츠를 선택하고 배포할 수 있다.

3. 얼굴 이미지

1) 첫인상의 특징

'얼굴 이미지'는 인간의 얼굴을 표현하거나 나타내는 이미지를 의미하며 첫인상은 사람들이 처음으로 상대방과 접촉할 때 형성되는 평가로서 다음과 같은 특징을 갖는다.

(1) **빠른 형성** : 첫인상은 단 몇 초 내에 형성된다. 사회심리학자 알버트 메라비언(Albert Mehrabian)은 대화에서 감정과 의미 전달의 중요성에 대해 연구했는데 언어적인 내용보다 비언어적인 신호가 더 큰 영향을 미친다고 하였다. 이를 '7-38-55%' 규칙이라고 하는데 언어적 말투와 선택한 단어의 의미는 첫인상 형성에 7%의 영향을 주고, 음성의 톤과 억양은 38%의 영향을 주며, 얼굴 표정과 신체 언어는 55%의 영향을 준다는 것이다. 즉 첫인상은 시각적 요소가 가장 크게 영향을 미친다.

(2) **내재적 주관성** : 첫인상은 개인의 주관적인 평가에 의해 형성된다. 사람들은 자신의 경험, 선호, 성향 등을 바탕으로 상대방을 평가하고, 이러한 평가는 개인의 선입견과 경험에 따라 다를 수 있다.

(3) **지속성** : 첫인상은 종종 오랜 시간 동안 지속될 수 있다. 사람들은 초기 인상을 가지고 나중에도 상대방을 평가하고 행동을 조절하는 경향이 있어 이는 첫인상이 상호작용과 관계 형성에 영향을 미칠 수 있다는 것을 의미한다.

(4) **영향력** : 첫인상은 상대방과의 상호작용에 영향을 미친다. 좋은 첫인상을 남기면 상대방의 호의를 얻고 협력적인 태도를 유도할 수 있으나 나쁜 첫인상은 상호작용에 부정적인 영향을 준다.

(5) **수정 가능성** : 첫인상은 초기에 형성되었지만, 시간이 지나면서 수정될 수 있으며 새로운 정보와 경험을 통해 사람들은 이전의 첫인상을 조정하고 재평가할 수 있다.

2) 첫인상의 효과

첫인상은 다양한 효과를 가지며 사회적 상호작용에서 중요한 역할을 한다. 좋은 첫인상을 형성하고 유지함으로써 긍정적인 관계 형성과 개인적인 성공을 이끌어낼 수 있다. 다음은 첫인상의 주요 효과들이다.

(1) **인식의 왜곡** : 첫인상은 사람들의 인식을 왜곡시킬 수 있다. 좋은 첫인상을 가진 사람은 긍정적으로 평가되는 경향이 있고, 반대로 나쁜 첫인상을 가진 사람은 부정적으로 평가될 가능성이 높다.

(2) **상호작용의 방향** : 첫인상은 상호작용의 방향과 질을 결정할 수 있다. 좋은 첫인상을 가진 사람은 상대방의 호의를 얻고 협력적인 태도를 유도할 수 있으며, 나쁜 첫인상을 가진 사람은 상호작용의 품질을 저하시킬 수 있다.

(3) **정보 필터링** : 첫인상은 사람들이 상대방의 행동을 해석하고 필터링하는 데 영향을 준다. 좋은 첫인상을 가진 사람은 상대방의 행동을 긍정적으로 해석하는 경향이 있고, 나쁜 첫인상을 가진 사람은 부정적으로 해석할 가능성이 높다.

(4) **관계 형성** : 첫인상은 관계 형성에 중요한 역할을 한다. 좋은 첫인상을 가진 사람은 상대방과의 관계를 원활하게 형성할 수 있고, 나쁜 첫인상을 가진 사람은 관계 형성에 어려움을 겪을 수 있다.

(5) **인식의 지속성** : 첫인상은 종종 오랜 시간 동안 지속될 수 있다. 사람들은 초기 인상을 가지고 나중에도 상대방을 평가하고 행동을 조절하는 경향이 있다.

3) 얼굴 이미지 관리

얼굴 이미지의 관리는 개인의 외모와 자아 이미지를 형성하는데 중요한 역할을 한다. 개인의 개성과 스타일을 존중하면서도 건강과 자신감을 유지하는 방향으로 얼굴 이미지를 관리하는 것이 좋다. 다음은 얼굴 이미지의 관리에 대한 몇 가지 방법과 관련 요소들이다.

(1) **개인위생과 건강 유지** : 깨끗하고 건강한 피부를 유지하기 위해 적절한 개인위생 관리가 필요하다. 일상적인 얼굴 세정과 보습, 영양 균형 잡힌 식단과 충분한 수면, 햇빛 차단을 통한 피부 보호 등이 중요하다.

(2) 피부 관리 : 피부 관리는 얼굴 이미지의 관리에 핵심적인 역할을 한다. 피부 유형에 맞는 클렌징, 토닝, 보습 등의 스킨케어 루틴을 유지하고, 필요에 따라 피부 문제를 해결하기 위해 전문적인 도움을 받을 수도 있다.

(3) 메이크업 : 메이크업은 얼굴 이미지를 강화하고 변화시키는 데 사용되는 유용한 도구이다. 적절한 메이크업 기술과 제품을 사용하여 피부 결점을 가리고 강조할 부분을 강조할 수 있다. 메이크업은 개인의 스타일과 상황에 맞게 사용되어야 한다.

(4) 표정과 자세 관리 : 얼굴 이미지는 표정과 자세를 통해 표현되기도 한다. 자신의 표정과 자세를 관찰하고 필요에 따라 개선할 수 있도록 노력해야 하며 자신감을 가지고 친절하고 긍정적인 표정과 자세를 유지하는 것이 중요하다.

(5) 언어와 의사소통 스타일 : 언어와 의사소통 스타일은 얼굴 이미지의 관리에 영향을 미친다. 존중과 배려를 갖춘 적절한 언어 사용과 의사소통 스타일을 유지하며, 상대방과의 원활한 대화와 관계 형성을 위해 노력해야 한다.

(6) 옷차림과 스타일 : 얼굴 이미지의 관리에는 옷차림과 스타일도 중요한 역할을 한다. 개인의 스타일과 자신감을 반영하는 적절한 의상 선택과 스타일링을 통해 얼굴 이미지를 완성시킬 수 있다.

4. 비주얼 이미지(Visual Image)

이미지를 결정하는 요소들은 다양하지만 개인의 이미지를 오랫동안 좌우하는 첫인상의 중요한 조건들은 대부분 시각적인 것이다.

의식하지 않으려고 한다고 해도 깔끔한 사람에게 호감이 가고 친절하게 웃는 사람에게 좋은 이미지를 갖게 된다. 보여지는 시각적인 이미지는 말 그대로 '비주얼 이미지(Visual Image)'이며 타고난 체형이나 생김새부터 스타일링을 통해 다듬어진 개인의 보이는 모습을 모두 포함한다.

비주얼 이미지는 주변 사람들에 대한 영향력 중 보이는 모습, 즉 "시각적으로 보이는 그 사람의 모습 속에 존재하는 얼굴, 패션 스타일, 행동 등 전체적인 스타일링 이미지"로 정의할 수 있다.

다음 내용은 이선경, 이홍림(2003)의 '비주얼 이미지 메이킹' 교재 내용을 요약 정리한 것이다.

1) 비주얼 이미지의 구성

기본적으로 개인의 이미지를 결정하는 요소는 내면의 본질적인 의식과 정서를 포함한 내면의 이미지와 시각적으로 나타나는 외면의 이미지가 있다.

시각적인 외면의 이미지는 행동으로 표출되고 변화하는 표정이나 자세, 매너 등의 행동적인 것과 신체, 옷차림, 얼굴의 인상을 포함하는 이미지가 있으며 주고 타인에게 직접적으로 이미지를 전달하게 된다.

겉으로 나타나는 개인의 외모, 표정, 자세 등의 비주얼 이미지는 그 사람의 심성, 생각, 습관, 욕구, 감정들이 밖으로 나타나는 것으로 결국 자신을 나타내는 도구인 셈이다.

2) 비주얼 이미지 형성 요소

비주얼 이미지메이킹을 위한 영역을 신체부위에서 5가지 존(zone)을 중심으로 나눠 스타일링할 수 있다.

V-zone, W-zone, H-zone과 2개의 F-zone이 여기에 해당하고 각각 Zone(페이스 존), V Zone(브이 존), Waist Zone(웨이스트 존), Foot Zone(풋 존)이 해당된다.

(1) H-zone(헤어 존)

머리 중에서도 헤어에 해당하는 신체 부위로 비주얼 이미지에 큰 영향을 미치는 부위이다. 본래의 컬러와 모발의 성격이 있지만 형태와 역할에 맞는 헤어 스타일을 결정하고 손질하는 헤어 스타일링(Hair styling)을 통해 간편하게 이미지 변신이 가능하다는 장점이 있다.

(2) F-zone(페이스 존)

얼굴에 해당하는 부위이며 그 형태와 컬러가 가지는 이미지가 있다.

메이크업 스타일링과 얼굴에 사용하는 악세사리 등으로 이미지 변화가 가능하며 표정과도 밀접한 연관이 있다. 주로 인상이라는 개념을 전달하고 사람을 기억하는 대표적인 부위이다.

(3) V-Zone(브이 존)

목과 가슴, 어깨, 쇄골 라인 등의 신체의 상체 부위를 말한다. 비주얼 이미지를 표현하는 스타일링의 중요한 포인트로서 패션 스타일링의 표현에서는 네크라인과 상의의 형태나 디자인의 매칭에 따라 영향을 받게 된다.

(4) Waist Zone(웨이스트 존)

허리와 엉덩이를 연결하는 신체 부위로 V존과 함께 비주얼 이미지메이킹에서 중요한 포인트이다. 패션 스타일링의 표현에서는 하의의 형태와 디자인의 매칭에 따라서 영향을 받게 된다.

(5) Foot Zone(풋 존)

발목과 발로 표현되는 신체 부위이다. 의복과 함께 소품에 따라 영향을 받게 되며, 스타일링의 마무리 포인트이다.

02

자기(自己)와 외모(外貌) ONESELF&APPEARANCE

1. 자기(Self, 自己)

1) 자기의 개념

자기란 '물리적 실체'가 아니라, 사람들의 마음속에서 구성되는 '사회적 실체'이다.

개인들이 갖고 있는 내면적, 외현적 특성과 그에 대한 자기 관념을 포함한 것으로 영속성과 순간성을 모두 지닌 역동적 개념이다(Markus and Wurf, 1987).

로젠버그(Rosenberg)는 1967년 자기 개념을 "자기 자신을 하나의 대상으로 바라보는 개인의 사고와 감정의 총합"이라고 정의했다.

▶ 사람들은 자신들의 자기 개념과 일치되게 행동하려는 욕구가 있기 때문에 자신에 대한 이미지인 '자기상(self-image)'에 따라 특정한 행동 패턴을 나타낼 수 있다.

▶ 자기 개념과 일괄된 행동은 사람들로 하여금 자신의 '자기존중감(self-esteem)'을 유지하게 하고 타인과의 상호작용에 있어서 타인들이 내 행동을 예견할 수 있도록 한다.

2) 자기의 분류

제임스(1890)는 자기를 크게 3가지 구성 요소로 나누었다.

(1) 물질적 자기(Material Self)

자신의 육체와 그 특성, 자신의 소유물, 소유물들의 속성을 통해 타인 파악이 가능하고 내가 누구인가 알려주는 대표적인 것이다.

(2) 사회적 자기(Social Self)

타인들로부터 받게 되는 인상, 평가 및 타인과의 관계 속에서 나타나는 자신의 위치와 신분, 사람들은 남들에게 자신을 내보이고 싶어 하고 좋게 인정받으려는 욕구가 있다.

사람들은 자기가 관심 있는 평가를 받고자 하는 주위 사람들의 수에 해당하는 만큼의 '사회적 자기'를 갖고 있다(예: 주위 사람이 나쁜 평가를 한다면 곧 그 평가를 받은 사람의 자기에 상처를 입히는 것이다.).

(3) 정신적 자기(Psychic or Spiritual Self)

성격, 능력, 적성 등 자신의 내면적 특성, 주관적 존재를 말한다.

3) 자기 개념의 구조

(1) 현실적 자기와 이상적 자기

① 현실적 자기

현재 나에 대한 정보, 있는 그대로의 나, 개인이 자기 자신을 현실적으로 어떻게 지각하고 있는가?

② 이상적 자기

이상적으로 되기를 바라는 나의 모습. 개인이 되고자 하거나 동경하는 자기

(2) 사적 자기와 공적 자기

① 사적 자기(Private Self)

개인적 사고, 정서 및 신념

② 공적 자기(Public Self)

우리 자신이나 타인들에게 제시하는 것, 자신에 대한 타인들의 인상을 형성시키는 행동, 표현하는 양식

4) 외모와 자기 이미지

"그가 어떤 사람인지 알려면 그 사람의 옷차림을 보면 알 수 있다"

의복은 "내가 원하는 이미지를 반영시켜 주는 매개체", "제2의 나를 만들어주는 변신체", "나의 표현", 내 기분 전환, 나를 표현하는 도구" 등으로 말한다.

일상생활에서 우리는 자신이 착용한 의복과 자기 자신을 의식적, 무의식적으로 관련시켜 생각하는 경향이 있다.

우리는 '실제적' 자기 이미지, '원하는' 자기 이미지를 보여주는 의복을 입음으로써 '자기 이미지'를 더욱 확고히 하며 일관성 유지를 할 수 있다.

즉, 자기개념과 의복의 이미지와 스타일이 일치될수록 좋은 선택이 될 것이다.

자기 이미지가 투영된 의복을 입을 때 심리적 안정감을 느낄 수 있다. 자기 이미지와 일관성 있는 의복 스타일, 스타일과 색채는 옷장을 열어보면 알 수 있다.

자기 개념과 일치되지 않는 이미지와 스타일의 의복은 자기와 모순되는 정보를 제공하므로 불편함과 어색함, 심리적 부조화를 경험하게 한다.

즉, 자기 취향, 자기 정체성, 라이프스타일, 자기 개념 등과 의복에 근접성, 관련성을 의식한다.

2. 대인지각(代人知覺) 이론

외모를 기초로 한 타인에 대한 판단과정을 묘사하는 용어는 학자마다 달라, '사회지각(社會知覺)', '대인지각(對人知覺)', '사회인지(社會認知)', '인상형성(印象形成)' 등 여러 용어로 부르고 있다.

각 용어의 차이를 살펴보면 아래와 같다.

'감각(Sensation)'이란 인간이 환경 속에서 주어지는 자극들을 감각기관을 통하여 받아들이는 과정만을 의미한다.
'지각(Percepiton)'이란 실제 그대로의 사물·인물이 아닌, 인간의 감각체계에 주어진 정보를 인식하는 것이며, 지각은 보다 많은 정신적 요소(Psyche)를 내포한다는 점에서 감각과 구분된다(Cornsweat, 1970, pp.155-156).

이때 지각과정에서 지각대상이 사람인 경우를 특히 '대인지각(Person Perception)'이라 하며, 그 지각대상인 인물의 심리적 소질에 관한 모든 것을 지각하는 것을 의미한다(정양은, 192, p.177).

1) 대인지각 과정

(1) 주목

① 대인지각의 단서

다른 사람에 대한 인상을 형성할 때, 우리는 어떤 단서(Cue)를 사용하게 되는가?
이러한 인상형성에 사용되는 단서로는 신체적 외모(Physical Appearance)와 비언어적 의사소통(Nonverbal Communication) 등이 있다.

· 신체적 외모

다른 사람을 즉각적으로 판단하는 데 첫 번째로 사용되는 단서는 아마도 그 사람의 신체적 외모가 될 것이다.

즉, 어떤 사람의 체격, 체형, 얼굴, 건강 상태, 체취 등이 인상형성에 영향을 주는 중요한 요인이 된다. 그 외에 착용자의 의복, 화장, 안경과 같은 몸치장에 대한 측면들도 타인에 대한 인상형성에 영향을 준다.

의복을 포함한 신체적 외모는 사람들이 친숙해짐에 따라 그 중요성이 감소되나, 첫 인상에 있어서는 가장 중요한 요인 중의 하나이기도 하다.

· 비언어적 의사소통

다른 사람에 대한 판단은 언어 이외의 많은 단서들이 합해져서 이루어지며, 이것을 비언어적 의사소통이라고 한다. 비언어적 의사소통에는 의사 언어(Para Language), 몸짓, 눈길 등이 있다. 의사 언어는 담화할 때의 내용, 즉 단어나 문장의 의미 이외에 '음성'의 높고 낮음, '강도', '리듬', '억양', '침묵', '망설임' 등이 전달되는 정보이다. 몸짓은 제스처라고도 하고 '신체 언어(Body Language)'라고도 한다.

2) 인상형성(印象形成)

일반적으로 사람들은 제한된 정보를 가지고도 다른 사람에 대한 일관된 인상을 형성하는 경향이 있다

'첫인상'의 가장 중요하고도 강력한 측면은 평가적 차원, 즉 '그 사람을 좋아하는가?' 혹은 '싫어하는가?', '얼마나 좋아하거나 또는 싫어하거나?'의 차원이다.

평가는 또한 정보의 왜곡과 부정확을 유발하기도 한다.

'일관성(Consistency)'은 대인지각과 대물지각 사이의 중요한 차이점으로, 대물지각(對物知覺)은 사물의 크기나 무게, 생김새 등을 각각 독립적으로 지각하는 반면 대인지각(對人知覺)은 그들 특질을 하나로 통합하여 전체적으로 일관성 있게 그 사람을 특징짓는다.

예를 들어, 사람들은 한 개인에 대해서 동시에 '정직하다'와 '진실하지 못하다'라는 인상을 갖지는 않는다. 따라서 사람들은 어떤 개인에 대한 인상과 상반되는 정보를 듣게 된다 하여도 일관성 유지를 위해 그 정보를 왜곡 또는 조정하기도 한다. 통합되는 심리적 과정을 이해하는 것이 중요하다.

(1) 순서효과

정보는 주어진 순서에 따라 그 효과가 다르다는 것이 순서효과(Ordereffect)이며 긍정적 또는 부정적 정보 중에서 어느 것을 먼저 또는 나중에 제시하는가에 따라서 인상에 주는 영향이 다르다.

(2) 초두효과(初頭效果, Primary effect)

먼저 주어진 특질에 대한 정보가 뒤에 오는 것보다 훨씬 우세하다는 것이다. 그 이유는 처음 주어진 정보에 주의집중을 많이 하여 중심이 되면 뒤에 오는 것은 충분히 부각되지 못하기 때문이다. 따라서 처음에 좋은 특질부터 묘사한 경우가 더 좋은 인상을 받았다.

3) 의복과 대인지각과의 관계

(1) 주목

의복은 착용자에 대하여 무엇을 알려주는가? 이에 대하여 성별과 연령, 역할과 지위, 상황, 그리고 내면적 특성으로 구분하여 살펴보기로 한다.

① 성별과 연령

성별과 연령(Sex and Age)은 일반적으로 낯선 사람에 대해 맨 처음에 이루어지는 판단일 것이다. 성별에 따른 의복의 차이는 문화적 차이가 있으나 모든 사회의 의복에는 남녀의 상징으로 받아들여지는 것이 있다.

그러나 성 역할 변화의 영향으로 의복의 성차를 나타내는 상징이 변화되어 이제 바지는 여성 의복에 있어 중요한 품목이 되었다.

특히 스포츠 웨어나 캐주얼 웨어에서 두드러진 유니섹스화 경향, 청바지와 티셔츠 차림, 여성들이 남성의 정통적인 슈트를 직업복으로 착용하는 것 등은 의복의 성적 상징을 모호하게 하였다.

② 역할과 지위

개인의 역할과 지위는 의복을 통해서 지각될 수 있다. 의복을 입는 중요한 동기의 하나가 착용자의 역할이나 지위를 나타내기 위해서이다. 제복, 특수복 등은 의복으로서 타인에게 직접적이고 명백하게 직업이나 지위를 나타낸다.

③ 상황

의복은 착용자가 어떤 상황에 있는지를 알려주는 데 도움이 되며, 이에 관계되는 것이 의복의 적절성이다.

일상생활에서도 개인의 착용이 변화를 쉽게 지각할 수 있게 한다. 우리 주변에서 상황변화와 이에 따른 의복의 변화를 흔히 볼 수 있는 경우는 신입사원이 되었을 때 정장 차림을 한다든가, 상(喪)을 당했을 때 검은색 또는 흰색 옷을 입는 것 등이다.

가장 뚜렷한 상황은 결혼식에서 남자는 정장의 신사복, 여자는 웨딩드레스를 착용하는 것 등이다. 의복의 적절함과 부적절함은 주로 문화적·상황적 요인에 의해서 결정된다. 상황에 따른 의복 차림의 가장 공통적인 단서는 격식 차림(Formality)과 격식을 차리지 않음(Informality)의 정도이다.

얼마나 격식을 차리는가, 편안함을 위주로 착용한 것인가에 따라 적절함이 결정된다. 해변가에서 전적으로 받아들여지는 신체 노출이 많은 옷이 평상시 외출에서는 부적합한 의복으로서 판단되는 것이 그 예이다.

④ 연령

dress의 경우에는 나이든 여성이 이를 입었을 때 젊은 여성보다 더 전문적인 사람으로 지각되었다(Thurston, Lennon&Clayton,1990).

또한 연령에 따라 같은 의복이라도 인상에 미치는 영향이 다르다.

남성 정장의 경우 청년 착용자가 중년 착용자보다 외모와 능력 측면에서 더 보기 좋으며 세련되고 유능해 보인다는 평가를 받았다(이은미, 1992).

의복 착용자의 연령은 또한 체격조건과 상호작용하여 의복의 유행성 평가에도 영향을 미치는 것으로 나타났다.

⑤ 착용자의 얼굴과 매력성

얼굴 매력성이 높을수록 매력적이고 품위와 능력이 있어 보이며, 개성적이고 창의력 있는 것으로 지각되어, 얼굴 매력성은 능력·사회적 특성에 후광효과로 작용되었다.

여자의 경우, 매력적일수록 더 사교적이고 외향적이지만 허영심이 많고, 정서적이며, 덜 따뜻하고 덜 친절하며 남을 잘 돕지 않는다고 지각하였다. 남자의 경우, 매력적일수록 더욱 따뜻하며 친절하고, 사교적이며, 외향적이고 지적이라고 지각하였다.

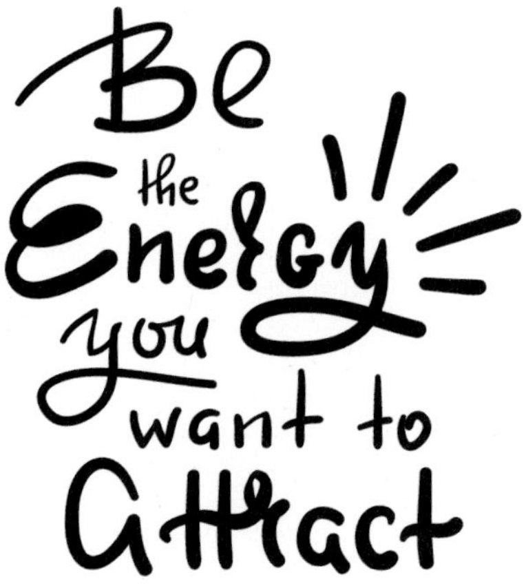

⑥ 체형

착용자의 체형이 평균적인 체형에서 벗어나는 것은 지각 시에 두드러진 단서로 작용하여 착용자의 인상에 영향을 미친다.

팽숙경과 강경자(2006)는 팬츠 착용자의 인상에 미치는 착용자의 체형과 무채색 톤 조합의 영향을 조사하였다. 그 결과 의복의 요소보다는 착용자의 체형이 인상에 영향을 주었고 키보다는 중량감이 지배적인 단서로 작용함을 알 수 있었다.

뚱뚱한 체형은 온유하나 품위 없고 매력 없는 것으로, 마른 체형은 품위 있고 매력 있는 것으로 지각되었다.

또한 키가 작고 마른 체형은 약하고 소심하고 대담하지 않은 것으로 지각되었다. 귀염성은 톤 조합의 영향을 받아 명도가 높은 톤의 조합이 산뜻하고 어려보이며 귀여운 것으로, 명도가 낮은 톤의 조합은 칙칙하고 나이 들어 보이며 성숙한 이미지로 지각되었다.

3. 외모 관련 사회심리학 이론

1) Cooley의 이론-면경 자아(Looking Glass Self)

'사람은 주위 사람들을 거울로 삼고 그 거울에 자신을 비춤으로써 자신을 파악한다.'

사회학자인 쿨리(1909)는 자신을 파악하는데 가장 핵심이 되는 것은 '주위 사람들'이라고 말하였다.

자신의 모습을 상상해 보는 능력, 그 모습에 대해 남들이 어떻게 평가해 보는지에 대해 상상해 보는 능력 등은 '자기개념'을 형성하는데 영향을 미친다.

이러한 경험은 남들과 교류하는 경험이 없다면 형성하기 힘들며 상호 교류가 없으면 '자기'를 형성 할 수 없다.

2) Mead의 I 와 Me

쿨리의 '면경 자기' 개념을 더욱 발전시켜 자기 이론에 있어서의 반영적 사고, 즉, '타인의 시각에서 자기를 대상으로 취하여 바라볼 수 있는 능력'을 말한다.

(1) 주체로서의 자기, I

(2) 객체로서의 자기, Me

'주체로서의 나'는 사회적 과정에 영향을 주어 지속적으로 나를 변화시키는 역할을 수행한다.

'객체로서의 나'는 성장과정에서 사회 교류를 통해 경험하면서 습득한 자신의 신체적, 사회적, 정신적, 지적 특성에 대한 내용을 말한다.

긍정적 의미를 지닌 의복, 액서서리 등과 같은 사회·문화적 상품을 활용하여 자신이 목표로 하는 자기를 가시적으로 상징화함으로써 자기가 원하는 이미지를 형성 할 수 있는 것이다.

뷰티 스타일링 이미지 BEAUTY STYLING IMAGE

03

뷰티(Beauty)란 얼굴이나 신체를 아름답게 매만지고 아름답게 꾸미는 것을 뜻한다. 공중위생관리법에서는 미용(美容)을 피부미용, 메이크업, 헤어미용, 네일미용의 4가지 유형으로 분류하여 정의하고 있다.

유형	업무 범위
피부미용	의료기기나 의약품을 사용하지 않는 피부 상태 분석, 피부관리, 제모, 눈썹 손질
메이크업	얼굴 등 신체의 화장 · 분장 및 의료기기나 의약품을 사용하지 않는 눈썹 손질
헤어미용	파마, 머리카락 자르기, 머리카락 모양내기, 머리피부 손질, 머리카락 염색, 머리감기, 의료기기나 의약품을 사용하지 않는 눈썹 손질
네일미용	손톱과 발톱의 손질 및 화장

1. 피부미용

피부는 신체의 표면을 덮고 있는 기관으로 신체 기관 중 가장 넓은 부위를 차지하고 있다. 자외선, 먼지, 습기, 기온, 오염 등의 외부요인으로부터 신체를 보호하고, 혈액을 통해 영양분을 전달하며, 땀을 배출함으로써 체온을 조절하는 기능 등을 가진다.

1) 피부의 구조

피부는 표피, 진피, 피하조직의 3개의 층으로 구성되어 있으며, 피부 부속기관으로는 피지선과 한선이 있다.

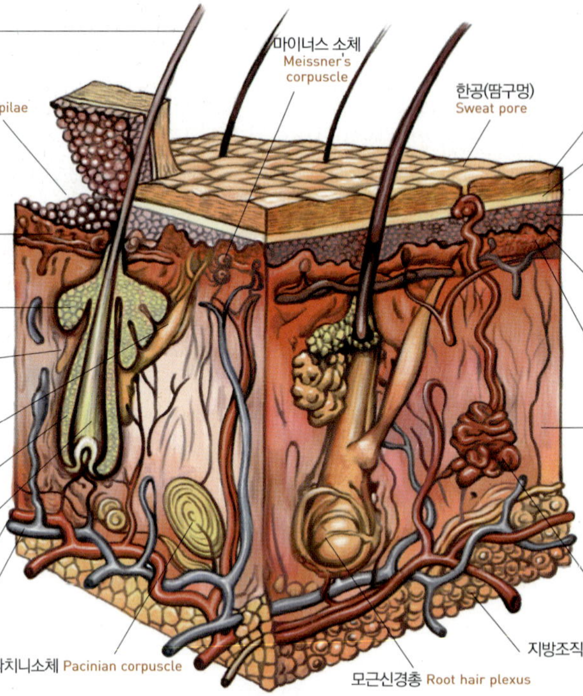

피부의 구조

(1) 표피(表皮)

표피는 피부의 가장 바깥층으로 육안으로 보고 만질 수 있다. 혈관과 신경이 없는 상피세포이며, 0.07~0.12mm의 얇은 막으로 구성된 5개의 층으로 구성되어 있다.

표피의 분류	특징
각질층	피부의 가장 바깥 상층으로 비듬, 때, 각질 등의 죽은 세포의 각화 현상이 이루어지고, 피부를 보호하는 역할을 한다.
투명층	각질층 바로 아래의 투명한 세포로 발바닥, 손바닥에만 존재하며, 피부 외부로부터 수분 침투를 막는 방어막 역할을 한다.
과립층	표피에서 지방 세포를 생성하는 역할을 하며, 피부의 수분 증발과 자외선 침투를 막는다.
유극층	표피 중 가장 두꺼운 부분으로 세포 내 영양분 교환과 노폐물 배출의 역할을 한다. 피부 면역 기능의 랑게르한스 세포가 존재한다.
기저층	표피의 가장 아래층에 위치하며 진피로부터 영양을 공급받고, 각질세포를 형성한다. 멜라닌 색소로 피부색을 좌우하고, 촉각을 감지하는 머켈세포가 분포해있다.

(2) 진피(眞皮)

피부의 90% 차지하는 진피층은 탄력성과 신축성이 있는 탄력섬유(엘라스틴)와 피부 내 자연 보습 기능을 담당하는 교원섬유(콜라겐)으로 구성되어 있다. 진피는 유두층과 망상층의 2개 층으로 구성되어 있다.

진피의 분류	특징
유두층	표피와 닿아있는 부위로 모세혈관에서 혈액을 통해 표피의 기저층에 영양을 공급하고 산소 운반을 한다. 촉각, 통각의 신경 전달 기능과 온도 조절 기능의 역할을 한다.
망상층	진피의 80%를 차지하는 층으로 콜라겐과 엘라스틴으로 피부 탄력을 유지하도록 한다. 혈관, 피지선, 한선이 분포되어 있으며, 온각, 냉각, 압각을 감지할 수 있다.

(3) 피하조직(皮下組織)

피부의 가장 아래층으로 영양소를 저장하고, 수분 조절 및 체온 조절 기능을 한다. 지방으로 외부 충격으로부터 신체를 보호할 수 있다. 지방의 양에 따라 신체 라인이 달라질 수 있으며, 지방층의 두께는 인종, 성별, 영양 상태, 피부 부위 등에 따라 다르다.

(4) 피지선(皮脂腺)

피지는 지방 분비선에 의해 분비된 물질로 모낭을 통해 배출되며, 성인 기준으로 하루 1~2g의 피지가 배출된다. 얇은 막을 형성하여 이물질 침투를 억제하고, 수분 손실을 억제하며 피부를 부드럽게 한다. 얼굴의 T존과 턱, 가슴과 등에 큰 피지선이 분포하고, 투명층이 있는 손바닥과 발바닥을 제외한 전신에 작은 피지선이 분포한다. 남성 호르몬(안드로겐)이 피지선을 자극하여 여성보다 남성이 지성피부가 더 많이 나타난다.

(5) 한선(汗腺)

한선은 땀을 배출하는 분비선으로 전신에 분포하고, 수분 조절, 체온 조절, 노폐물 배설 등의 역할을 한다. 아포크린선(대한선)과 에크린선(소한선)으로 분류된다.

한선의 종류	특징
아포크린선 (대한선)	에크린선보다 선체가 크고 털과 함께 존재하며, 겨드랑이, 유두, 항문 주위, 외음부 등에 분포되어 있다. 사춘기 이후 주로 발달하고, 세균 감염을 일으켜 냄새를 유발하기도 한다.
에크린선 (소한선)	약산성으로 세균 번식을 억제하여 무색, 무취의 땀이 분출되며, 털이 없이 나선 모양으로 진피 내에 존재한다. 입술, 음부를 제외한 전신에 분포하며, 손바닥, 발바닥, 얼굴 등에 많이 분포되어 있다.

2) 피부의 유형

피부는 피지선과 한선의 기능에 따라 중성, 지성, 건성, 민감성, 여드름, 노화, 민감성 피부 등으로 분류된다. 피부를 관리하기 위해 정확한 피부 진단이 먼저 필요하다. 피부 진단은 견진, 촉진, 문진으로 이루어진다.

피부 진단 방법	특징
견진	육안 또는 기구를 사용하여 관찰하여 진단하는 피부분석법
촉진	손으로 직접 만져 촉각으로 진단하는 피부분석법
문진	고객에게 피부에 관한 다양한 정보를 질문하는 피부분석법

(1) 중성 피부

가장 이상적인 피부로 피지선과 한선의 생리 기능이 균형을 이룬 상태이다. 모공이 작고 탄력이 있으며, 혈색이 좋고 피부 당김이 적은 건강한 피부이다.

(2) 지성 피부

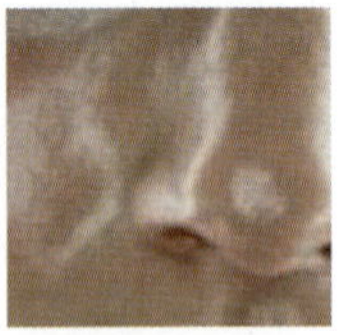

피지선의 항진으로 피지와 땀이 과다 분비되어 모공이 넓고 번들거리는 특징이 있다. 외부 자극에 강하고 잔주름이 적은 장점이 있으나, 모공이 막히면 여드름, 뾰루지가 나기 쉽고 메이크업이 잘 지워지는 편이다.

(3) 건성 피부

피지선과 한선의 기능 저하로 피지량과 땀이 적어 건조한 피부이다. 모공이 작은 장점이 있으나, 각질이 잘 생기고 피부 당김이 심하다. 피부가 얇아 잔주름이 잘 생긴다.

(4) 민감성 피부

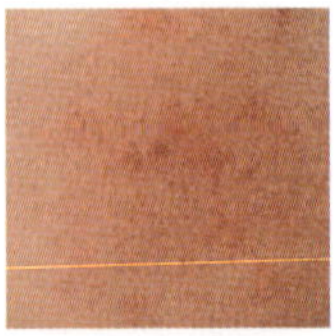

피부의 면역 저하로 햇빛, 바람, 미세먼지 등의 환경과 화장품 등에 예민하게 반응하는 피부이다. 피부 홍반, 발열, 습진, 따가움 등의 증상이 나타나기도 하며, 알러지 반응이 일어나기도 한다.

(5) 여드름 피부

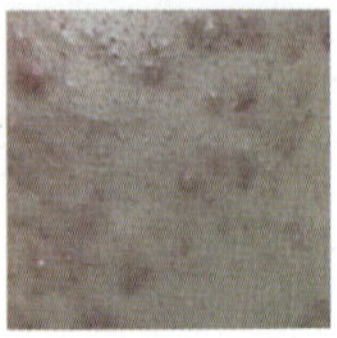

피지선에서 분비된 피지가 모공을 막아 염증이 생긴 피부를 말한다. 모공이 넓고, 구진, 면포, 농포 등의 피부 트러블이 발생하며, 피부 발열이 일어나기도 한다.

(6) 노화 피부

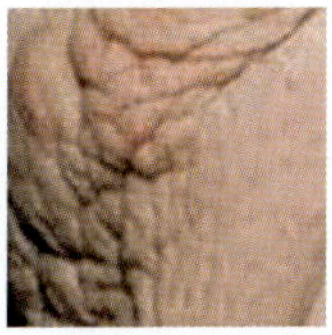

나이가 들어감에 따라 피부가 점차 얇아지고 탄력이 떨어지면서 주름이 생기고 처지게 된다. 피지 분비와 수분 감소로 피부가 점차 건조해지고, 노인성 반점이 나타나기도 한다.

(7) 복합성 피부

피부 부위에 따라 피지선과 한선의 불균형으로 다양한 피부 유형이 복합적으로 나타나는 피부이다. 일반적으로 얼굴의 T존 및 피지선이 항진된 부위는 모공이 넓고 지성 피부인 경우가 많고, 그 외 부위는 건성 또는 민감성 피부인 경우가 많다.

3) 피부와 자외선

(1) 자외선(UV)

빛은 자외선, 가시광선, 적외선 등으로 분류되며, 자외선(UV, Ultraviolet rays)은 약 10~400nm에 해당하는 단파장으로 피부에 강한 자극을 준다. 자외선은 혈관 및 림프관의 순환을 자극하여 신진대사를 촉진하고, 살균 작용 및 피부의 비타민D 합성에 관여하는 장점이 있으나, 장시간 노출 시에는 색소 침착, 피부 트러블, 광노화, 주름 등의 원인이 되기도 한다.

(2) 자외선(UV)의 분류

자외선은 파장에 따라 UV-A, UV-B, UV-C로 분류되며, UV-C는 대부분 오존층에 흡수되고, UV-A와 UV-B는 피부에 닿아 영향을 미친다.

자외선의 분류	특징
UV-A	320~400nm에 해당하는 빛의 파장으로 생활 자외선이라 하며, 기미, 주근깨 등의 색소 침착과 피부 건조, 피부 노화의 원인이 된다.
UV-B	280~320nm에 해당하는 파장으로 기미, 주근깨의 색소 침착 뿐 아니라 장시간 노출 시 피부 홍반, 일광 화상에 이르기도 한다. 비타민 D 생성에 관여한다.
UV-C	100~280nm에 해당하는 가장 짧은 단파장으로 대부분 오존층에서 흡수된다. 강력한 살균과 소독 작용이 있어 여드름 피부 등의 피부 치료에 사용되기도 하나 지나친 노출 시 피부암의 원인이 될 수 있다.

(3) 자외선과 피부관리

피부에 자외선이 닿으면 멜라닌 색소가 침착하여 얼굴에 기미, 주근깨와 같은 갈색의 불규칙한 색소반이 생긴다. 주근깨는 유전적인 소인이 많지만, 여름철 햇빛이 강한 시기에 짙어지며 기미는 눈 주위, 광대뼈 위 등 햇빛이 많이 닿는 부위에 많이 나타난다. 자외선에 지나치게 노출되는 경우, 피부 광노화가 일어나기도 한다. 이러한 자외선이 피부에 미치는 영향을 피하려면 자외선 차단제를 바르는 것이 좋다.

자외선과 자외선 차단제

4) 기초 화장품

(1) 클렌징 제품

클렌징(Cleansing)이란 메이크업 잔여물, 피부 분비물, 먼지, 땀 등의 이물질을 깨끗이 제거하는 것으로 피부를 청결하게 하고, 피부 호흡과 신진대사를 촉진한다. 피부 유형에 따라 적합한 클렌징 제품을 선택해야 한다.

클렌징 제품의 분류	특징
립&아이 리무버 (Lip&Eye Remover)	눈과 입술의 포인트 메이크업을 지울 때 사용하는 전용 리무버이다. 일반적으로 포인트 메이크업을 먼저 제거하고 베이스 메이크업을 지운다.
클렌징 워터 (Cleansing Water)	리퀴드 타입의 클렌징 제품으로 화장솜에 묻혀 피부결 방향으로 닦아내듯 사용한다. 가벼운 메이크업을 지우거나 지성, 여드름 피부에 적합하다.
클렌징 젤 (Cleansing Gel)	수성 타입의 클렌징 제품으로 청량감이 있어 여름에 사용하거나 가벼운 메이크업을 지울 때 사용한다. 유분에 예민한 민감성, 여드름 피부에 추천한다.
클렌징 로션 (Cleansing Lotion)	유분 함량이 낮고 수분 함량이 낮은 로션 타입의 제품으로 끈적임이 적고, 마사지하듯 발랐다가 티슈나 솜으로 닦아낸다. 피부 자극이 적어 건성, 지성, 여드름, 민감성 피부 등 폭넓게 사용한다.
클렌징 크림 (Cleansing Cream)	유분 함량이 높아 짙은 메이크업을 클렌징하기 좋다. 마사지하듯 발라 클렌징하고, 티슈나 해면 등으로 닦아낸다. 유분이 많아 폼으로 이중 세안을 하는 것이 좋다.
클렌징 오일 (Cleansing Oil)	오일 제형의 유성 성분을 많이 포함한 제품으로 물을 묻히면 친수성이 되어 물에도 잘 지워진다. 흐르는 물에 세안하여 마무리한다.
클렌징 폼 (Cleansing Foam)	물과 함께 거품을 만들어 사용하는 클렌징 제품으로 단독으로 사용하기도 하고, 이중 세안 용도로 사용하기도 한다. 흐르는 물에 세안하여 마무리한다.
클렌징 티슈 (Cleansing Tissue)	티슈 또는 패드 타입에 클렌징 워터가 적셔져 있는 형태로 한 장씩 사용할 수 있어 휴대성이 좋다. 세게 문지르면 피부를 민감하게 만들 수 있으므로 주의한다.

(2) 기초 화장품

기초 화장품의 분류	특징
토너 (Toner)	세안 후 남은 메이크업 잔여물을 제거하고, 약산성으로 정돈하는 역할을 하는 화장수이다. 각질층에 보습과 영양 성분을 공급하여 피부를 촉촉하고 부드럽게 한다.
로션 (Lotion)	토너보다 점성이 있는 제품으로 피부에 수분과 영양을 공급하는 유화 상태의 액체 크림이다. 일반적으로 토너로 얼굴을 정돈한 후 사용한다.
크림 (Cream)	유화 상태의 제형이 고형화되어 있는 것으로 피부에 수분감, 영양을 제공하여 부드럽고 유연하게 한다.
에센스 (Essence)	고농축의 미용 성분으로 소량으로도 피부에 보습과 영양, 기능성 효과를 주는 제품이다. '세럼'이라고도 부르며, 일반적으로 스킨 또는 로션 다음 단계에서 사용한다.
팩 (Pack)	피부에 수분과 영양을 공급하고, 피부의 신진대사를 촉진시킨다. 팩을 제거하는 방법에 따라 팩제를 발랐다가 떼어내는 타입의 필 오프 타입(Peel-Off), 물로 씻어내는 워시오프 타입(Wash-Off), 크림 제형을 발랐다가 닦아내는 티슈오프 타입(Tissue-Off), 시트 팩제를 붙였다 제거하는 시트팩(Sheet) 타입이 있다.

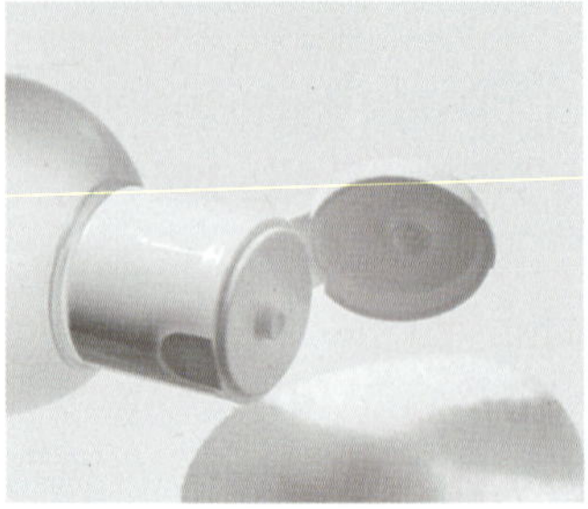

토너

에센스

시트팩

2. 메이크업

메이크업이란 화장품과 도구를 사용하여 얼굴 또는 신체의 결점을 보완하고, 개성과 미(美)를 부각하는 것이다. 메이크업은 피부를 아름답게 표현하는 피부표현 메이크업과 색감을 부여하는 색조 메이크업으로 이루어진다.

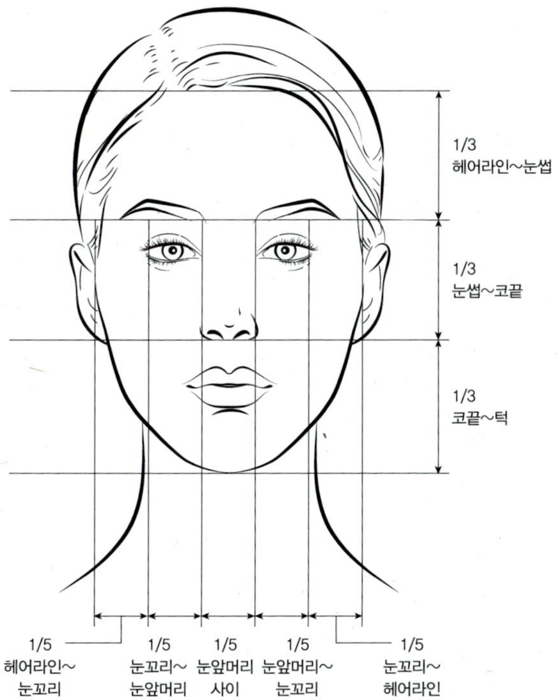

얼굴의 균형도

얼굴의 균형도(Face Propotion)

메이크업을 할 때에는 얼굴의 이상적인 비율에 따라 얼굴형을 수정하고 보완하는 것이 좋다. 얼굴의 가로선은 헤어라인에서 눈꼬리, 눈의 길이, 미간 사이, 눈의 길이, 눈꼬리에서 헤어라인의 5등분으로 하며, 세로선은 헤어라인에서 눈썹, 눈썹에서 코 끝, 코끝에서 턱끝까지 3등분으로 한다.

1) 메이크업의 유형 분류

메이크업은 크게 뷰티 메이크업, 캐릭터 메이크업, 아트 메이크업, 속눈썹 메이크업으로 분류된다.

메이크업 유형 분류		특징
뷰티 메이크업	내추럴 메이크업	일반, 사진, 영상 등에 사용되는 자연스러운 메이크업
	이미지 메이크업	로맨틱, 엘레강스 등의 이미지에 어울리는 메이크업
	트렌드 메이크업	시대 별, 최신 유행 등의 트렌드가 반영된 메이크업
	T.P.O 메이크업	시간, 장소, 상황에 따라 어울리게 연출하는 메이크업
캐릭터 메이크업	미디어 메이크업	잡지, TV, 영화 등 미디어에 사용되는 메이크업
	무대공연 메이크업	연극, 뮤지컬 등 무대극을 위해 연출되는 메이크업
	특수분장 메이크업	라텍스, 더마왁스 등 특수 재료를 활용한 메이크업
아트 메이크업	페이스 페인팅	얼굴 위주로 표현하는 예술적 감각의 메이크업
	환타지 메이크업	상체 위주로 표현하는 예술적 감각의 메이크업
	바디페인팅	전신(全身)에 표현하는 예술적 감각의 메이크업
속눈썹 메이크업	속눈썹 연출	인조속눈썹을 디자인, 제작하여 메이크업 시 연출
	속눈썹 연장 · 증모	속눈썹에 가모(假毛)를 연장(延長), 증모(增募)하여 연출
	속눈썹 펌	속눈썹에 퍼머넌트 웨이브로 속눈썹 컬링(Curling) 연출

2) 메이크업 브러시와 도구

(1) 메이크업 브러시

피부표현 메이크업과 색조 메이크업 시 다양한 브러시와 도구를 활용할 수 있다. 브러시는 족제비털, 청설모털, 조랑말털 등의 천연모와 합성섬유로 만든 인조모가 있으며 용도에 따라 선택하여 사용한다.

메이크업 브러시		특징
	파운데이션 브러시 (Foundation)	주로 메이크업 베이스, 파운데이션 등의 리퀴드 제품을 바를 때 사용하는 브러시로 탄력있는 인조모로 만든다. 세균 번식을 막기 위해 자주 세척하는 것이 좋다.
	컨실러 브러시 (Concealer)	크림 제형, 리퀴드 제형의 컨실러 제품을 바를 때 사용하는 브러시로 짧고 탄력있는 인조모로 만든다.
	페이스 브러시 (Face)	브러시 세트에서 가장 큰 브러시로 파우더를 바르거나 털어낼 때 사용한다. 부드러운 천연모로 만든다.
	치크 브러시 (Cheek)	부드럽고 풍성한 천연모로 만든 브러시로 치크 메이크업 또는 셰이딩 표현 시 사용한다.
	팬 브러시 (Fan)	부채꼴 모양의 브러시로 여분의 파우더나 아이섀도 등의 가루 제형을 털어낼 때 주고 사용한다.

메이크업 브러시		특징
	아이브로 브러시 (Eyebrow)	가루 제형의 아이브로 제품으로 눈썹을 그릴 때 사용하며, 주로 끝이 사선형의 얇은 형태로 되어있다.
	아이섀도 브러시 (Eyeshadow)	얇고 민감한 눈 주위에 사용하는 브러시로 피부 자극이 적은 부드러운 천연모로 만든다. 크기에 따라 베이스, 메인, 포인트 컬러 전용으로 사용한다.
	아이라이너 브러시 (Eyeliner)	젤 타입, 케이크 타입 등의 아이라이너 제품에 사용하며 얇고 섬세하고 또렷한 아이라인을 그릴 수 있도록 숱이 적고 가늘다. 끝이 갈라지지 않는 탄력있는 브러시가 좋다.
	립 브러시 (Lip)	립메이크업 시 사용하는 탄력성이 좋은 브러시로 주로 인조모로 만든다. 브러시 끝이 갈라지지 않고 모여있는 것이 좋다.
	스크루 브러시 (Screw)	나선형 모양의 브러시로 눈썹을 정리하거나 뭉친 마스카라를 빗어 풀어줄 때 사용한다. 일회용 마스카라 브러시로 사용하기도 한다.
	스펀지 팁 (Sponge Tip)	스펀지 재질의 팁이 붙어있는 브러시로, 아이섀도를 선명하게 바를 때 사용한다.

(2) 메이크업 도구

메이크업 도구		특징
	파우더 퍼프 (Powder Puff)	파우더를 바를 때 사용하는 도구로 주로 면과 우단으로 만든다. 피부에 직접 닿는 제품이므로 부르더운 퍼프를 선택하도록 한다.
	스펀지 (Sponge)	메이크업 베이스, 파운데이션 등 리퀴드 제품을 바를 때 사용하며, 주로 라텍스나 해면으로 만든다. 세균 번식이 쉬우므로 반드시 1회용으로 사용한다.
	아이래시 컬러 (Eyelashes Curler)	속눈썹에 컬을 만드는 도구로 뷰러라고도 한다. 눈의 굴곡에 맞는 아이래시 컬러를 선택하는 것이 좋으며, 컬은 속눈썹 뿌리부터 3번 이상 집어주어 컬을 만드는 것이 자연스럽다.
	팔레트 (Pallet)	메이크업 재료를 소량 덜어내어 사용하거나 믹싱하기 위해 사용한다. 위생을 위하여 소독하여 사용하는 것이 좋다.
	스파출러 (Spatula)	립스틱, 크림 파운데이션 등의 크림 제형의 메이크업 제품을 덜어낼 때 주로 사용하는 도구이다.
	펜슬 샤프너 (Pencil Sharp-ener)	아이브로 펜슬, 아이라이너 펜슬 등 펜슬 형태의 메이크업 제품을 깍을 때 사용한다.

메이크업 도구		특징
	눈썹가위 (Eyelashes Scissor)	눈썹을 잘라 눈썹 모양을 정리하거나, 인조속눈썹을 자를 때 사용하는 도구이다.
	눈썹칼 (Eyelashes Razor)	눈썹 주변의 잔털을 정리하거나 눈썹 모양을 다듬을 때 사용하는 도구이다. 피부가 베이지 않도록 주의한다.
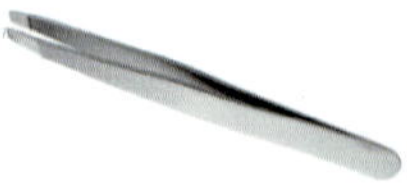	핀셋 (Tweezer)	눈썹을 뽑아 정리하거나 인조속눈썹, 큐빅 등을 잡아 붙일 때 사용한다. 핀셋의 끝이 정확하게 맞물리는 것이 좋다.
	화장솜 (Cotton Pad)	스킨 토너를 발라 피부를 정리하거나 메이크업 클렌징 시 사용한다.
	면봉 (Cotton Bud)	메이크업을 수정할 때 사용하거나 크림 제형의 제품을 바를 때 사용한다.

3) 피부표현 메이크업(Base Make-up)

(1) 메이크업 베이스(Make-up Base)

메이크업 베이스는 파운데이션 전 단계로 피부결과 피부톤을 보정하고, 색조화장품으로부터 피부를 보호하며 파운데이션의 밀착력을 높여주는 역할을 한다. 피부 타입에 따라 제품을 선택한다.

메이크업 베이스의 종류	특징
수분 메이크업 베이스 (Moisturized Make-up Base)	피부에 고농축의 수분을 공급하여 피부를 촉촉하게 만드는 제품으로 에센스 제형에 가깝다.
펄 메이크업 베이스 (Pearl Make-up Base)	미세한 펄감이 들어있어 글로시한 피부표현이 가능하며, 쉬머 메이크업 베이스(Shimmer Make-up Base)라고도 부른다.
프라이머 (Primer)	실리콘 베이스의 제품으로 피부의 울퉁불퉁한 요철이나 모공 등을 메꾸어 매끈한 피부를 연출한다.
컬러 컨트롤 베이스 (Color Control Base)	피부톤에 따라 컬러를 선택하여 피부톤을 보정하는 제품이다. 붉은기가 많은 피부톤에는 그린계열, 혈색을 부여할 땐 핑크계열, 노란기가 많은 피부톤에는 퍼플 계열, 태닝한 듯한 피부톤에는 오렌지 계열의 컬러를 사용한다.

그린 계열 핑크 계열 퍼플 계열 오렌지 계열

컬러 컨트롤 베이스의 컬러

(2) 파운데이션(Foundation)

파운데이션은 기미, 주근깨, 여드름 자국 등의 피부 결점을 커버하고, 얼굴의 윤곽을 수정하고 입체감을 표현한다. 피부결과 피부톤을 일정하게 정리하여 색조 메이크업이 돋보이도록 한다.

파운데이션 제형의 종류		특징
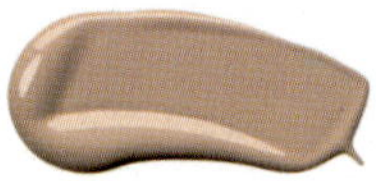	리퀴드 (Liquid)	수분 함량이 높은 파운데이션으로 자연스럽고 촉촉한 피부 표현이 가능하다.
	크림 (Cream)	리퀴드 제형에 비해 유분 함량이 높아 건성 피부에 효과적이며, 커버력과 지속력이 좋아 잡티가 있는 피부의 결점을 가리기 좋다.
	스틱 (Stick)	고형 타입으로 커버력과 지속력이 높으며, 무대공연이나 분장의 베이스 메이크업에 사용된다.
	투웨이 케이크 (Two-way Cake)	파우더와 파운데이션을 믹싱하여 압축시켜 커버력, 밀착력, 지속력이 좋다. 휴대가 간편하고, 땀과 물에 강하다.

(3) 컨실러(Concealer)

컨실러는 파운데이션으로 미처 보정하지 못한 다크서클, 기미, 주근깨, 여드름 자국 등의 피부 결점을 커버한다. 피부표현 메이크업 및 색조 메이크업의 수정 시에도 사용한다.

컨실러 제형의 종류		특징
	리퀴드 (Liquid)	수분 함량이 많은 리퀴드 컨실러는 눈 밑 등의 얇은 피부의 커버와 내추럴한 커버에 사용된다.
	크림 (Cream)	유분이 많아 부드럽게 발리고, 리퀴드 제형에 비해 커버력과 밀착력이 좋아 넓은 부위의 잡티 커버에 효과적이다.
	스틱 (Stick)	커버력이 매우 좋아 여드름, 진한 잡티 등을 커버하는 데 효과적이다. 매트하여 뭉칠 수 있으므로, 눈가 등 얇은 피부에는 적합하지 않다.
	펜슬 (Pencil)	점, 뾰루지 등 작은 결점 부위에 사용하거나 립라인 수정 등에 사용한다. 컬러가 너무 밝으면 오히려 두드러지므로, 컬러 선택에 주의한다.

(4) 파우더(Powder)

파우더는 베이스 메이크업의 마무리 단계로 파운데이션의 밀착력과 지속력을 높여주고, 과도한 유분을 제거하는 역할을 한다. 피부 유형에 따라 파우더의 사용량을 조절한다. 지형에 따라 루스 파우더, 압축 파우더, 피니시 파우더 등으로 분류한다.

파우더 제형의 종류		특징
	루스 (Loose)	분말 가루 제형으로 파우더 퍼프나 파우더 브러시를 이용하여 사용한다. 투명하고 자연스러운 피부 표현에 적합하며, 파운데이션으로 생긴 유분기를 잡아준다.
	프레스드 (Pressed)	루스 파우더를 압축시켜 고체형으로 케이스에 담은 제품으로 휴대가 간편하여 콤팩트 파우더라고도 한다.
	피니시 (Finish)	베이스 메이크업의 마무리 단계에서 사용하며, 펄이 함유되어 얼굴에 입체감을 주거나 화사하게 연출할 때 사용한다.

4) 색조 메이크업 (Point Make-up)

(1) 아이브로 메이크업(Eyebrow)

눈썹은 형태, 길이 등에 따라 얼굴의 이미지를 변화시키는데 가장 큰 영향을 미친다. 아이브로 제품은 케이크 타입, 펜슬 타입, 마스카라 타입으로 분류된다.

① 아이브로 제품

아이브로 제품의 종류		특징
	케이크 타입 (Cake)	사선형의 아이브로 브러시를 사용하여 눈썹모 사이 사이를 메꾸듯 그린다.
	펜슬 타입 (Pencil)	펜슬의 선과 면을 응용하여, 형태를 잡아주거나 속눈썹을 채우듯 그린다.
	마스카라 타입 (Mascara)	내장된 스크류 브러시를 활용하여 눈썹모에 바르는 제품으로 자연스러운 컬러를 표현할 때 주로 사용한다.

② 표준형 눈썹

눈썹은 눈보다 길게 그리며, 눈썹산은 눈썹 전체 길이의 3분의 1에 위치하는 것이 좋다. 눈썹머리는 콧망울의 일직선이 되는 위치에서 시작하며, 눈썹의 꼬리는 콧망울과 눈 끝을 지나는 45도 지점으로 앞머리보다 처지지 않도록 한다. 눈썹은 좌우 균형이 대칭이 되도록 그리도록 한다.

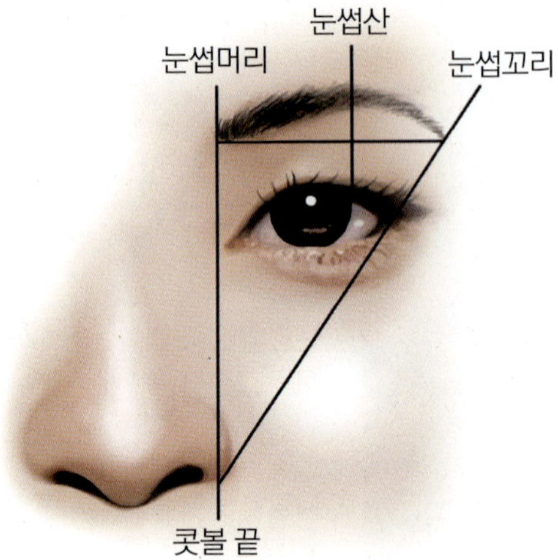

표준형 눈썹

③ 아이브로 이미지

아이브로 형태		이미지 특징
	표준형	기본적인 형태의 눈썹으로 눈썹산은 전체 눈썹의 3분의 1 지점에 있다. 눈썹 앞머리와 눈썹꼬리가 수평을 이루도록 그린다.
	일자형	수평형의 눈썹은 중성적인 느낌을 준다. 눈썹산이 낮아 긴 얼굴을 짧아보이게 하며, 도톰하게 그리면 어려 보이는 효과가 있다.
	각진형	단정하고 지적인 느낌을 주며, 눈썹산이 높아 둥근 얼굴이나 삼각형 얼굴 등 짧은 얼굴을 길어 보이게 하는 효과가 있다.
	아치형	눈썹산이 둥글어 우아하고 여성적인 느낌을 주며, 이마가 넓거나 역삼각형의 얼굴, 각진 턱의 얼굴에 잘 어울린다.
	상승형	활동적이고 개성적인 이미지로 둥근 얼굴이나 각진 얼굴에 적합하다. 상승형 눈썹은 약간 짧게 그려주는 것이 좋다.
	하강형	어려보이고 귀여운 느낌을 주지만, 지나치면 우울해 보일 수 있다.

(2) 아이섀도 메이크업(Eyeshadow)

아이섀도는 눈에 색감을 부여하고, 입체감을 주어 눈을 아름답게 표현할 수 있다. 색조 메이크업 제품 중 가장 다양한 색과 질감이 출시되고 있다.

① 아이섀도 제품

아이섀도 제품의 종류		특징
	케이크 타입 (Cake)	가장 일반적으로 사용하는 가루를 압축한 타입의 아이섀도 제품으로 다양한 컬러와 질감의 제품이 있다. 밀착력과 발색력이 좋다.
	크림 타입 (Cream)	유분이 함유되어 부드럽게 잘 펴지며 발색과 지속력이 좋다. 손이나 브러시로 바르며, 쌍거풀 부위에 뭉칠 수 있어 유의한다.
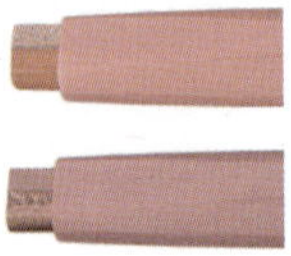	스틱 타입 (Stick)	유분이 많은 스틱 또는 펜슬 타입으로 출시된다. 휴대가 간편하며, 아이섀도, 치크, 아이라이너 등의 멀티 제품으로 사용되기도 한다.
	파우더 타입 (Powder)	미세한 광채 펄 입자의 아이섀도 제품으로 펄파우더 또는 스타파우더 등으로 불린다. 화려하고 반짝이는 컬러 표현에 사용된다.

② 아이섀도 명칭

아이섀도는 눈 두덩이 전체에 바르는 베이스 컬러(Base), 중간색인 메인 컬러(Main), 강한색인 포인트 컬러(Point)로 바른다. 눈썹뼈, 눈두덩이 등의 돌출되어 보이는 부위에는 하이라이트를 처리하며, 눈밑은 언더컬러로 메인 컬러 또는 포인트 컬러로 연결하여 마무리한다.

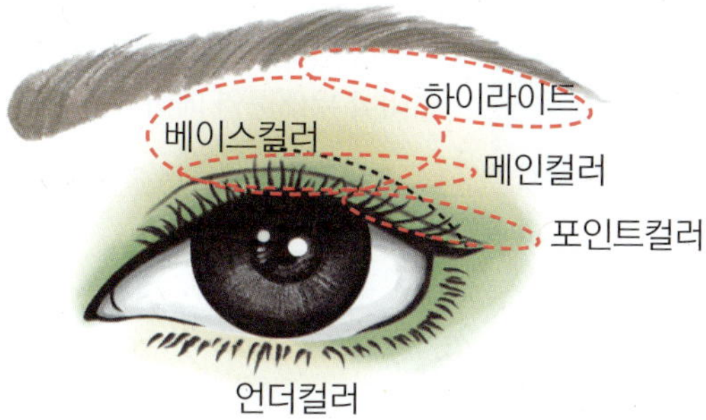

③ 아이섀도 이미지

아이섀도 형태		이미지 특징
	일직선 포인트	눈의 쌍꺼풀 부분에 일직선으로 포인트를 준다. 내추럴 메이크업, 원포인트 메이크업에서 많이 쓰인다.
	눈앞머리 포인트	미간이 넓은 사람의 눈 사이를 좁아 보이도록 수정하는 방법이다. 상승형의 눈매를 수정할 때도 응용한다.
	눈 중앙 포인트	동공 윗부분에 포인트를 주어 눈이 크고 둥글게 보인다. 눈이 가늘고 긴 사람에게 잘 어울린다.

아이섀도 형태		이미지 특징
	눈꼬리 포인트	눈 사이가 가까운 사람이 미간을 넓게 보이도록 수정하는 방법이다. 눈꼬리가 처진 경우, 올리듯 처리한다.
	아이홀 포인트	눈매가 깊고 그윽해 보이며, 눈이 크게 보인다. 시대 메이크업이나 무대공연 메이크업에서 자주 응용된다.

(3) 아이라이너 메이크업(Eyeliner)

아이라이너는 속눈썹 사이 사이를 메꾸어 그려 눈의 윤곽을 또렷하게 하고 눈매를 수정하는 목적이 있다. 펜슬, 리퀴드, 케이크, 젤 타입 등의 제형이 있다.

① 아이라이너 제품

아이라이너 제품의 종류		특징
	펜슬 타입 (Pencil)	부드러운 질감으로 자연스러운 아이라인을 그릴 때 사용한다. 블렌딩이 가능하며, 초보자도 쉽게 사용할 수 있다.
	리퀴드 타입 (Liquid)	브러시 또는 붓펜 형태로 선명하고 또렷한 눈매를 표현할 때 사용한다.
	젤 타입 (Gel)	유분감이 많아 부드럽게 그려지며, 즉시 건조되고, 두께, 진하기 정도를 조절하기 쉽다. 뚜껑을 오래 열어두면 마를 수 있으므로 주의한다.
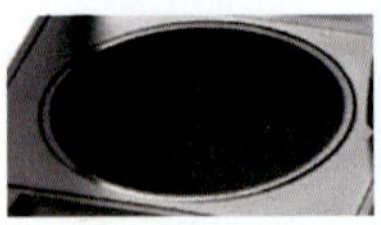	케이크 타입 (Cake)	물이나 토너로 개어 사용하는 수성 제품으로 또렷한 눈매를 연출할 수 있으나 눈물에 번질 수 있는 단점이 있다.

① 아이라이너 이미지

아이라이너 형태		이미지 특징
	일직선 포인트	속눈썹 사이를 메꾸어 일직선으로 그리는 방법으로 가장 많이 활용된다. 내추럴 메이크업, 원포인트 메이크업에서 많이 쓰인다.
	눈앞머리 포인트	미간이 넓은 사람의 눈 사이를 좁아 보이도록 수정하는 방법이다. 눈 앞머리를 감싸 앞트임 효과를 준다.
	눈 중앙 포인트	동공 윗부분에 포인트를 주어 눈이 크고 둥글게 보인다. 눈이 가늘고 긴 사람에게 잘 어울린다.
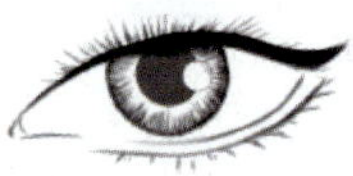	눈꼬리 포인트	눈 사이가 가까운 사람이 미간을 넓게 보이도록 수정하는 방법이다. 눈꼬리가 처진 경우, 치켜 올려 그려준다.

(4) 마스카라(Mascara)

마스카라는 속눈썹을 길고 풍성하게 표현하여 눈을 아름답게 표현한다. 눈은 민감한 부위이므로 마스카라는 안전성이 높은 원료로 만들어야 한다. 최근에는 건조가 빠르고 번짐이 적은 워터프루프(Water Proof) 제형의 마스카라가 주를 이룬다.

마스카라 제품의 종류		특징
	볼륨 마스카라 (Volume)	통통한 형태의 솔이 내장되어 있는 마스카라로 속눈썹의 숱을 풍성하게 보이게 한다.
	컬링 마스카라 (Curling)	마스카라 솔이 얇고 휘어져 있어 속눈썹 뿌리부터 한 올씩 발라 컬을 유지하게 한다.
	롱래시 마스카라 (Long Lash)	나선형 솔에 섬유소가 들어있어 속눈썹을 길어 보이게 연출할 수 있다.

마스카라 제품의 종류		특징
	투명 마스카라 (Transparent)	마스카라가 잘 번질 때, 투명 마스카라를 덧바른다. 눈썹의 결을 정리할 때도 사용한다.

(5) 인조속눈썹(False Eyelashes)

인조속눈썹은 아이 메이크업의 테크닉 중 하나로 속눈썹이 풍성해 보이게 하며, 눈매를 크고 또렷하게 보이게 한다. 메이크업 디자인과 목적에 맞도록 속눈썹 길이, 굵기, 색상, 형태 등을 선택한다.

인조속눈썹 제품의 종류		특징
	일체형 속눈썹 (Strip Lashes)	속눈썹 모가 하나로 이어져 있는 타입으로 사용이 간편하고, 눈이 또렷해 보인다. 눈 길이에 맞게 잘라 사용하며, 눈매를 수정하기 위해 사용하기도 한다.
	가닥 속눈썹 (Individual Lash)	한 가닥, 또는 두세 가닥씩 한 올을 이루는 형태로 핀셋으로 가닥 가닥 붙여주며, 눈을 감았다 뜰 때 당기지 않아 편하고 자연스럽다.

(6) 치크(Cheek)

치크 메이크업은 얼굴에 혈색을 주어 건강미와 화사함을 표현하고, 평면적인 얼굴에 입체감을 준다. 아이 메이크업과 립 메이크업을 자연스럽게 조화시키는 역할을 한다.

① 치크 메이크업 제품

치크 메이크업 제품의 종류		특징
	케이크 타입 (Cake)	가장 일반적으로 사용하는 가루를 압축한 타입의 제품으로 파우더 사용 후 브러시를 이용하여 바른다.
	크림 타입 (Cream)	유분이 함유되어 부드럽게 잘 펴지며 발색과 지속력이 좋다. 파우더 전에 발라주며, 손이나 스펀지로 그라데이션 해준다.
	틴트 타입 (Tint)	리퀴드 계열의 제품으로 손이나 스펀지를 이용해 빠르게 발라준다. 아이섀도, 립 등의 멀티 제품으로 사용되기도 한다.

② 치크 메이크업 이미지

치크 메이크업 제품의 종류		특징
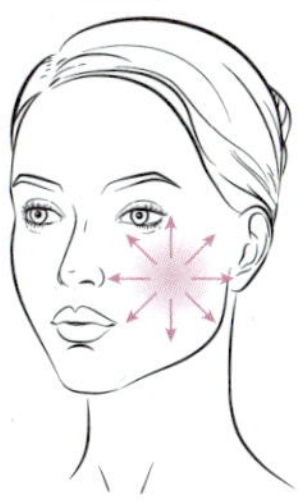	귀여운 이미지 (Pretty)	볼 중앙에 동그랗게 발라 건강하고 귀여운 이미지를 연출한다. 핑크나 코럴, 피치 계열의 부드러운 색이 잘 어울린다.

치크 메이크업 제품의 종류		특징
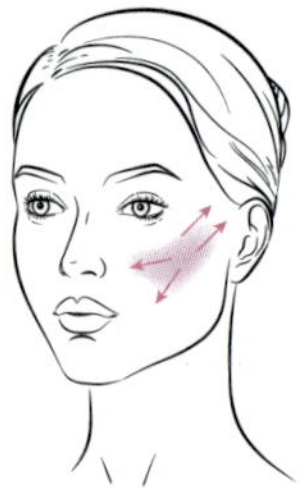	여성스러운 이미지 (Elegance)	볼을 감싸듯이 타원형으로 길게 바르면 여성스럽고 자연스러운 혈색을 표현할 수 있다. 피치, 코럴, 로즈골드 계열의 색이 잘 어울린다.
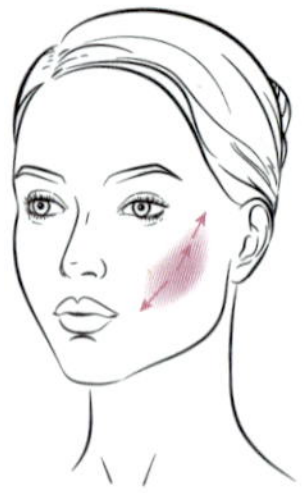	활동적인 이미지 (Active)	사선 방향으로 직선적인 느낌으로 바르면 활동적인 느낌으로 연출할 수 있다. 액티브한 이미지가 태닝 메이크업 시 사용되며, 오렌지, 피치, 브론즈 계열의 색이 잘 어울린다.

(7) 립(Lip)

입술은 붉은 계열의 컬러를 주로 사용하여 아름답고 화사한 이미지를 표현한다. 입술 형태를 수정하고 입체감을 부여할 수 있으며, 이미지 룩(Look)에 따라 색을 선택한다.

① 립메이크업 제품

립메이크업 제품의 종류		특징
	립라이너 (Lip Liner)	펜슬 형태로 입술의 형태를 수정하고, 립 제품이 번지는 것을 막아주는 역할을 한다.
	립스틱 (Lip stick)	가장 일반적인 립 메이크업 제품으로 발색이 좋다. 색과 질감이 다양하다.

립메이크업 제품의 종류		특징
	립글로스 (Lip Gloss)	립스틱보다 오일을 많이 함유하여 입술을 윤기 있고 촉촉하게 표현해준다.
	립틴트 (Lip Tint)	리퀴드 계열의 제품으로 입술에 색소가 스며들어 자연스러운 발색과 지속력이 특징이다.

② 립메이크업 이미지

립메이크업 형태		이미지 특징
	스트레이트 커브 (Straight-Curve)	직선적인 립라인으로 이지적이고 활동적인 이미지를 연출한다.
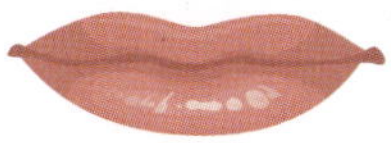	아웃커브 (Out-Curve)	입술라인보다 1~2mm 바깥쪽으로 크게 그리는 형태로 성숙한 이미지를 연출한다.
	인커브 (In-Curve)	입술라인 1~2mm 안쪽으로 그리는 형태로 귀엽고 여성스러운 이미지를 연출한다.

5) 얼굴형에 따른 윤곽수정 메이크업

윤곽수정 메이크업이란 베이스 메이크업 제품의 색과 명암의 차이를 이용하여 얼굴 윤곽을 수정하고, 얼굴에 입체감을 주는 기법이다. 베이스 컬러, 섀딩 컬러, 하이라이트 컬러를 사용하며, 경계가 생기지 않도록 자연스럽게 그라데이션하여 연결한다. 파운데이션 타입 또는 케이크 타입의 제품을 사용한다.

(1) 윤곽수정 베이스 메이크업의 종류

윤곽수정 베이스 메이크업의 종류		특징
	베이스 컬러 (Base)	피부톤에 가까운 자연스러운 색상으로 얼굴 전체에 도포하여 바른다.
	섀딩 컬러 (Shading)	베이스 컬러보다 1~2톤 어두운 색으로 각진 이마, 각진 턱 등을 축소되어 보이거나 노우즈 섀딩과 같이 음영을 표현할 수 있다.
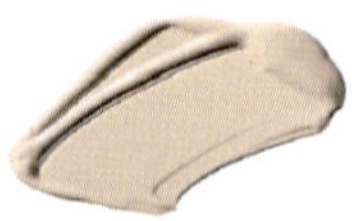	하이라이트 컬러 (Highlight)	베이스 컬러보다 1~2톤 밝은 색으로 T존, 광대뼈 등의 부위를 진출되어 보이게 하거나, 눈밑을 밝혀주고, 넓어보이는 효과가 있다.

(2) 얼굴형에 따른 윤곽수정

얼굴형에 따른 윤곽수정		특징
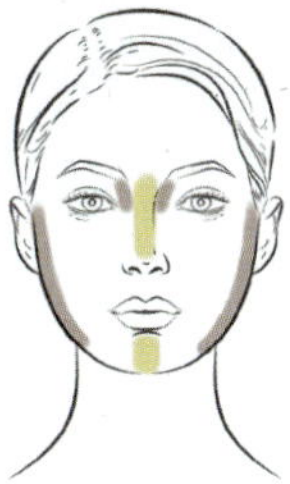	둥근 얼굴형	동양인에게 많이 나타나는 얼굴형으로 귀엽고 어려 보이는 장점이 있으나 평면적이므로 얼굴에 입체감을 주는 것이 좋다. 얼굴이 길어보이도록 세로선 형태의 하이라이트, 섀딩 처리를 한다.
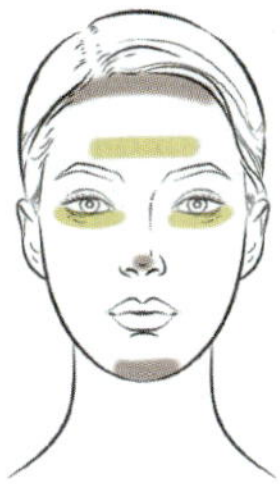	긴 형	얼굴이 세로로 긴 얼굴형으로 여성적으로 보이나 나이가 들어 보일 수 있다. 얼굴을 짧아보이도록 가로선 형태의 하이라이트, 섀딩 처리를 한다.
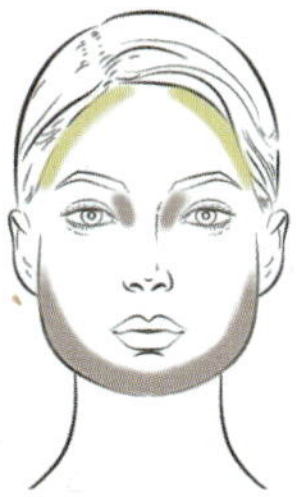	삼각형	이마가 좁고 턱이 넓거나 두툼한 얼굴형으로 중년에 많이 나타나며 고집스러워 보일 수 있다. 턱 아래 섀딩을 처리하여 턱을 좁아 보이게 하고, 이마에 하이라이트를 주어 얼굴형을 수정한다.
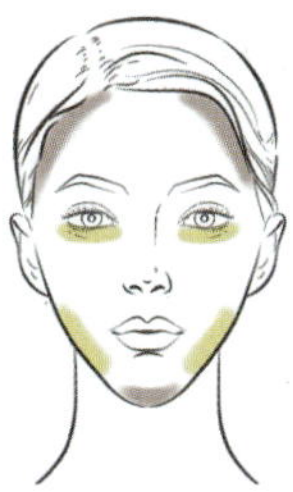	역삼각형	이마가 넓고 턱이 좁은 얼굴형으로 도시적이고 이지적이지만 날카로워 보일 수 있다. 이마 양 끝에 섀딩을 처리하고, 눈밑과 볼에 하이라이트를 주어 부드러운 이미지로 수정한다.

얼굴형에 따른 윤곽수정		특징
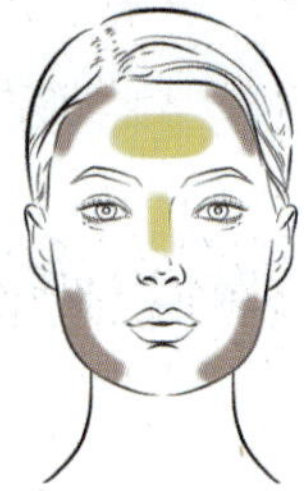	사각형	얼굴 외곽에 각이 있는 얼굴형으로 신뢰감 있어 보이나, 강한 인상을 줄 수 있다. 이마 양 끝과 턱 양 끝에 섀딩을 처리하여 얼굴의 각을 부드럽게 수정하고, 이마와 코에 하이라이트를 표현하여 얼굴이 둥글고 길게 보이도록 수정한다.
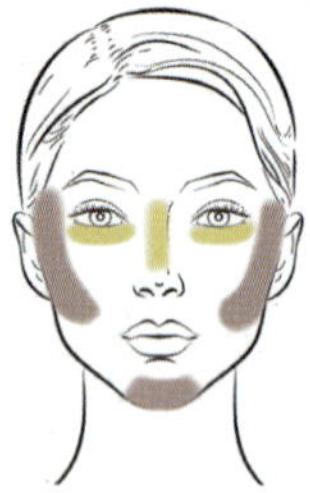	다이아몬드형	이마와 턱이 좁고 광대뼈가 발달하여 강하고 날카로운 이미지를 가지는 얼굴형이다. 광대뼈와 턱 끝 등 두드러지는 부위에 섀딩을 처리하고, 이마, 눈밑, 뺨 등의 부위에 하이라이트를 주어 인상을 부드럽게 만든다.

6) 메이크업 이미지

메이크업은 고객의 이미지 및 T.P.O 등에 따라 각기 다른 색채, 질감, 형태의 베이스 메이크업과 포인트 메이크업 테크닉이 이루어진다. 얼굴형과 피부톤, 이미지, T.P.O 등을 반영하여 메이크업을 연출한다.

(1) 로맨틱 이미지

여성스럽고 사랑스러운 이미지의 로맨틱 이미지(Romantic)는 자연스러운 피부톤과 색조를 절제한 은은한 펄감의 핑크 계열의 색이 특징이다.

주로 페일 톤(pale), 화이티시 톤(whitish), 라이트 톤(light)의 핑크, 로즈핑크, 코럴, 피치 계열을 컬러를 사용하며, 그라데이션으로 톤의 변화를 주도록 한다.

(2) 엘레강스 이미지

우아하고 성숙한 이미지의 엘레강스 이미지(Elegance)는 그레이시톤(Grayish), 소프트 톤(Soft) 등의 중명도의 컬러로 섬세하고 은은한 느낌이다.

색상은 퍼플, 코럴, 핑크, 베이지, 그레이, 골드 브라운, 베이지 브라운, 피치 등을 선택하며, 아치형의 아이브로, 타원형의 치크 메이크업과 윤곽을 깔끔하게 정리한 립 메이크업으로 표현한다.

(3) 클래식 이미지

고전적이고 단아한 이미지의 클래식 이미지(Classic)는 깨끗한 피부톤과 브라운 계열의 색이 특징이다.

눈썹산을 살린 아이브로와 덜 톤(dull), 딥 톤(deep), 다크 톤(dark) 등의 명도가 낮은 브라운, 베이지, 골드, 와인 계열의 컬러의 아이섀도가 주로 사용된다.

(4) 모던 이미지

모던 이미지(Modern)란 도시적이고 현대적인 이미지로 스모키 메이크업 또는 아이라인을 강조하거나 립메이크업을 강조하는 원포인트 메이크업이 자주 활용된다.

그레이, 블랙 등의 무채색이 자주 활용되며, 눈을 강조할 때에는 누디한 입술을 연출하기도 한다.

(5) 액티브 이미지

여름철 태닝 메이크업, 겨울철 스키 메이크업과 같이 적극적이고 활동적인 스포츠 느낌의 이미지를 액티브 이미지(Active)라 한다.

태닝 메이크업의 경우, 원래 피부톤보다 1~2톤 어둡게 연출하는 것이 좋다. 비비드톤, 라이트톤과 같이 채도가 높은 컬러가 주로 사용된다.

(6) 소피스트케이트 이미지

세련되고 도시적 분위기의 전문직 여성 이미지를 소피스트케이트 이미지(Sophisticated)라 한다. 채도와 명도가 낮은 톤의 배색을 주로 활용한다.

화이트, 그레이, 블랙의 무채색과 어두운 퍼플, 버건디, 와인 계열의 여성적인 색채를 믹싱하면 좋다. 입술에 포인트를 주는 경우가 많으나, 세미 스모키 메이크업 시에는 누디한 입술을 그리기도 한다.

(7) 매니시 이미지

남성적 이미지를 지닌 매니시 이미지(Mannish)는 화이트, 그레이, 블랙의 뉴트럴 톤의 컬러와 브라운, 카키, 네이비 등의 명도가 낮은 색상이 자주 사용된다.

눈썹은 두껍고 강하게 그리며, 아이 메이크업 또는 치크, 립 등을 어두운 계열의 컬러로 선택하면 좋다.

(8) 에스닉

특정 지역의 민속 의상, 장신구 등에서 영감을 얻은 민속적, 민족적인 이미지를 에스닉 이미지(Ethnic)이라 한다.

주로 중명도, 중채도의 채도가 높은 비비드 톤(vivid), 딥 톤(deep)의 색상들이 자주 활용되며, 콘트라스트를 주면 효과적이다.

3. 헤어미용

헤어스타일의 형태, 색채, 질감을 포함한 디자인은 전체적인 이미지를 완성하는 요소 중 하나이다. 헤어스타일을 연출하기에 앞서 모발의 상태에 따라 모발을 관리하고, 두상과 모발, 의상 및 메이크업과 어울리는 헤어스타일을 완성하도록 한다.

1) 모(毛)의 구조

모(毛, 털)은 피부가 진화하여 생긴 부속기관으로 피부의 표피층에서 발생하며 손바닥, 발바닥, 입술, 유두, 점막, 음부를 제외한 전신에 분포한다. 케라틴 단백질로 구성되어 있으며,피부와 같이 멜라닌 색소에 의해 색이 결정된다. 모발은 모근부와 모간부로 구분되며, 모발은 모낭 내에서 만들어진다.

모(毛)의 구조	특징
모근부	두피에 조직이 붙어있는 부분으로 둥글게 생긴 모구에 모세혈관, 모유두, 모모세포가 존재한다. 모유두는 모발의 성장을 좌우하는 영양공급원으로 모구에 산소와 영양을 공급한다. 모유두에 있는 모모세포는 모발을 직접적으로 자라나게 하는 세포이다.
모간부	모근부 이외의 부분을 모간부라 한다. 모발의 표피 바깥에 나와있는 부분으로 모표피, 모피질, 모수질의 3개 층으로 구성되어 있다. 모표피는 모간부의 가장 바깥 부분이고, 모피질은 모발의 가장 많은 비율을 차지하며 멜라닌 색소가 있어 모발 색을 결정한다. 모수질은 가장 안쪽 부분이다.

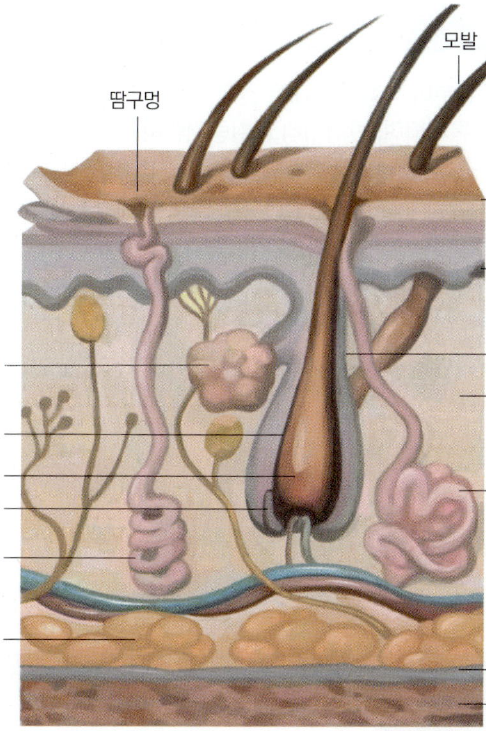

모(毛)의 구조

2) 모발의 종류

모발은 1일 약 0.34~0.35mm, 한 달에 1~1.5cm가 자라며, 성장 속도 및 색상 등은 인종, 나이, 환경 등에 따라 차이가 있다. 수분, 피지의 양과 관리 방법에 따라 건성, 지성 모발로 구분된다. 모발에 따라 드라이, 커트, 퍼머넌트 웨이브의 기법이 달라질 수 있다.

모발의 상태	특징
일반모	수분과 유분이 적절한 상태로 건강한 상태의 모발이다. 큐티클층이 건강하여 스타일이 잘 유지되며, 반짝거리고 찰랑거린다.
건성모	수분과 유분의 저하로 모발이 건조하고 쉽게 엉킨다. 정전기가 잘 나고, 젖어있는 상태에서도 엉켜 빗질이 쉽지 않다.
지성모	기름기가 많아 모발이 뭉치고 냄새가 나기 쉽다. 유전적 요인, 스트레스, 환경 뿐 아니라 과도하게 만질 때에도 지성모가 되기 쉽다.

3) 헤어스타일링의 도구 및 재료, 기기

헤어스타일링 도구 및 재료, 기기		특징
	꼬리빗 (Comb)	모발을 빗어 정돈하고, 커트 시 정확하게 가이드라인을 잡아 다듬는 역할을 한다. 꼬리빗 끝으로 섹션을 나누기 좋다.
	드라이 브러시 (Dry Brush)	블로우 드라이(Blow Dry) 시술 시 사용하는 브러시로 모발의 컬 방향을 잡아주고, 끝을 정돈하는 역할을 한다.
	헤어롤 (Hair Role)	모발에 말아서 붙여 자연스러운 웨이브를 표현할 수 있다. 주로 앞머리나 모발 끝부분의 컬을 만들기 위해 사용한다.
	가위 (Scissiers)	모발을 커트하거나 모양을 다듬는 도구로 길이를 조절하는 커트 가위(Cutting), 숱만 제거하는 숱가위(Thinning)로 구분된다.

헤어스타일링 도구 및 재료, 기기		특징
	헤어 스프레이 (Hair Spray)	헤어스타일을 유지하기 위해 뿌리는 스프레이 타입의 제품으로 모발에 균일하게 분모하여 사용한다.
	헤어 젤 (Hair Gel)	촉촉하고 자연스러운 헤어 웨이브를 유지시켜 주는 제품으로 헤어스타일을 고정할 때 사용하며, 젖은 머리에 사용하는 것이 좋다.
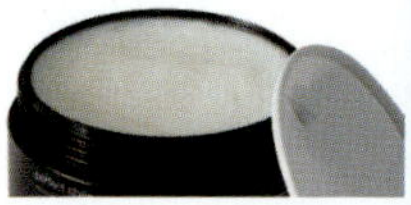	헤어 왁스 (Hair Wax)	유분을 이용하여 헤어스타일을 정돈하는 제품으로 유광의 매트한 왁스와 무광의 포마드 왁스로 분류된다.
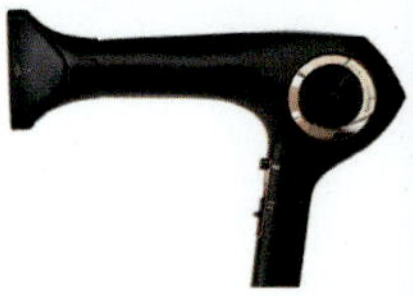	드라이어 (Dryer)	모발을 건조하거나 헤어스타일을 연출하기 위한 미용기기로 열풍, 온풍, 냉풍의 바람을 이용한다.
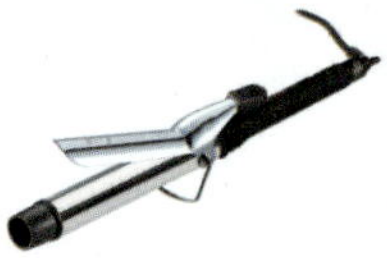	아이론 (Iron)	아이론은 열을 이용하여 모발 형태를 일시적으로 변화시키는 기기로 사용 온도는 120~ 140° C가 적당하다.

4) 헤어스타일링 기법

(1) 커트 (Cut)

모발의 숱을 정리하거나 길이를 조절하여 스타일링 하는 기법이다. 두상에 따라 커트 기법이 다를 수 있다.

(2) 블로우 드라이 (Blow Dry)

모발을 건조하거나 헤어스타일링을 연출하기 위하여 모발에 열풍을 가해 일시적인 변화 효과를 준다.

(3) 헤어 아이론 (Hair Iron)

열을 이용하여 모발에 웨이브를 일시적으로 형성시키는 것으로 '마셸 웨이브'라고도 한다.

(4) 컬러링 (Coloring)

모발에 원하는 색을 입혀 컬러를 변화시키는 것을 말한다. 헤나, 염모제를 사용한 염색과 같이 영구적 염색과 모발 표면에만 칠하는 일시적 염색 방식으로 구분된다.

(5) 퍼머넌트 웨이브 (Permanent Wave)

화학약품의 작용으로 모발 조직에 변화를 주어 오래 유지될 수 있는 웨이브를 만드는 방법으로 열을 가하지 않고 컬을 만드는 방법이라 해서 '콜드 웨이브(Cold Wave)'라 부른다.

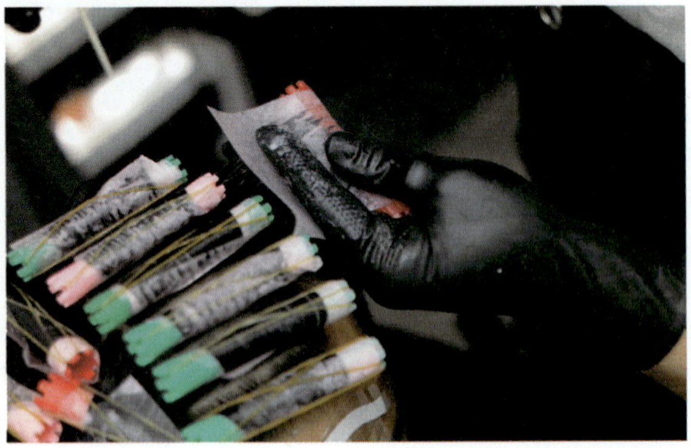

5) 얼굴형에 따른 헤어스타일

얼굴의 단점을 보완하고 장점을 부각하기 위하여 얼굴형과 두상에 어울리는 헤어스타일을 연출한다.

얼굴형에 따른 헤어스타일링		특징
	둥근 얼굴형	얼굴이 길어 보이도록 전두부를 높이고, 측두부는 부피를 최소화한다. 센터 파트보다는 사이드 파트가 잘 어울린다.
	긴 형	얼굴이 짧아 보이도록 전두부를 낮게하고, 옆선이 강조되도록 볼륨을 준다. 앞머리를 만들면 긴 얼굴을 조금 더 짧게 보일 수 있다.

얼굴형에 따른 헤어스타일링		특징
	삼각형	이마가 좁고 턱이 넓거나 두툼한 얼굴형이다. 큰 뱅과 측두부 볼륨으로 두상 상부의 폭을 넓어 보이게 하고, 하부를 좁아 보이게 한다.
	역삼각형	이마가 넓고 턱이 좁은 얼굴형으로 이마 양 끝을 좁아보이게 하기 위해 큰 뱅을 만든다. 턱선에 볼륨있는 헤어스타일을 연출한다.
	사각형	이마 양 끝과 턱 양 끝의 각진 부분을 완화하기 위해 라운드 사이드 파트로 나눈다. 곡선 느낌의 헤어스타일을 연출하는 것이 좋다.
	다이아몬드형	이마와 턱이 좁고 광대뼈가 발달한 얼굴형에는 두상의 상부와 하부를 부풀리는 헤어스타일을 연출하는 것이 좋다.

6) 헤어스타일 이미지

(1) 숏컷 (Short Cut)

짧은 커트는 스타일리시한 스타일로 모던하고 매니시한 이미지를 표현할 수 있다.

(2) 숏 스트레이트 (Short Straight)

직모의 단발 스타일은 모던하고 소피스트케이티한 여성적 이미지에 잘 어울린다.

(3) 숏 웨이브 (Short Wave)

웨이브가 있는 단발 스타일은 로맨틱하고 귀여운 여성적 이미지에 잘 어울린다.

(4) 롱 스트레이트 (Long Straight)

직모의 긴 헤어스타일은 도시적이고 시크한 여성적 이미지에 잘 어울린다.

(5) 롱 웨이브(Long Wave)

웨이브가 있는 긴 헤어스타일은 우아하고 세련된 엘레강스 이미지에 잘 어울린다.

4. 네일미용

일반적으로 네일미용은 손톱과 발톱의 손질하고 화장하는 것을 총칭한다. 네일(Nail) 바디와 큐티클을 정리하고 손톱 모양을 다듬으며, 컬러링 및 손 마사지를 포함하여 아름답게 꾸미는 것을 말한다. 발과 발톱의 미용만을 지칭할 때에는 페디큐어(Pedicure)라 한다.

1) 네일의 구조

손톱과 발톱은 피부의 부속 기관으로 케라틴 단백질로 구성되어 있으며, 1일 0.1mm가 자란다. 건강한 네일의 경우, 15% 내외의 수분과 5% 내외의 유분을 함유하고, 반투명한 핑크빛을 띄며 매끄럽고 단단하고 광택이 있다. 손톱은 네일 바디(조판), 프리엣지(자유연), 네일루트(조근), 루눌라(반월), 큐티클 등으로 구성된다.

네일의 구조	특징
네일 바디 (조체)	손톱의 본체로 조체(네일 플레이트)라고도 한다. 신경과 혈관이 없는 단단한 각질 구조로 네일을 보호하는 역할을 한다.
프리엣지 (자유연)	손가락 피부 밖으로 손톱이 자라나는 부분으로 조체의 끝부분을 말한다. 길이와 모양을 자유롭게 조절하여 디자인할 수 있다.
네일루트 (조근)	손톱의 뿌리 부분으로 손톱이 자라나기 시작하는 시작점이다. 세포조직을 형성하며, 이 부분이 다치면 손톱의 모양이 달라질 수 있다.
루눌라 (반월)	백색의 반달 모양으로 반월이라 부른다. 조제와 조근을 연결하는 역할을 한다.
큐티클 (조소피)	손톱의 위쪽을 덮고 있는 피부로 신경과 주름이 없는 피부이다. 네일 컬러링 전에 큐티클을 제거하는 경우가 많다.

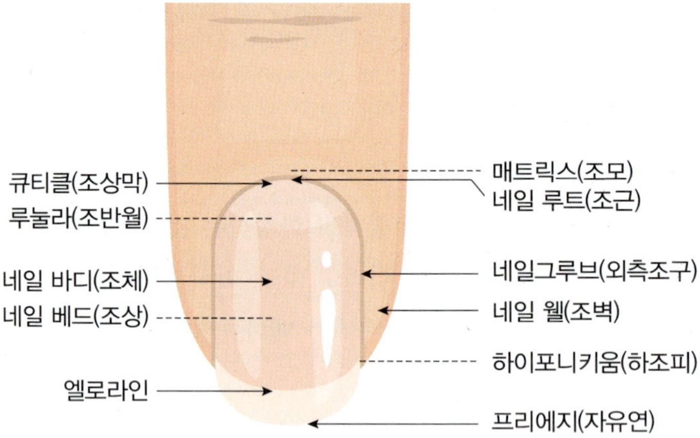

네일의 구조

2) 네일미용의 도구 및 기기, 재료

네일미용 도구 및 재료, 기기		특징
	파일	손톱을 다듬고 형태를 만드는데 사용한다. 파일 표면이 거칠수록 그릿(Grit) 번호가 높으며, 보통 100~240 그릿을 사용한다.
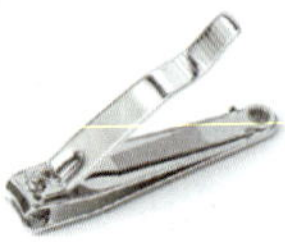	네일 클리퍼	손톱과 발톱을 잘라 길이를 조절하는데 사용하는 것으로 손톱깎이라고도 한다.
	푸셔	연화된 큐티클을 밀어 손톱으로부터 분리시키는 역할을 한다.
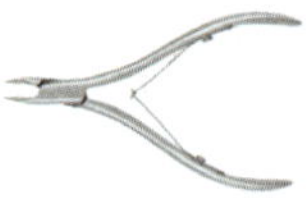	니퍼	큐티클을 잘라 제거하는 용도로 주로 사용한다. 손톱 주변의 굳은살과 거스러미를 정리하는데 사용하기도 한다.

네일미용 도구 및 재료, 기기		특징
	핑거볼	습식 매니큐어 시 물을 담아 큐티클을 연화하기 위해 사용한다. 플라스틱, 유리, 도자기로 만든 제품을 사용한다.
	큐티클 리무버	큐티클을 부드럽게 연화하여 제거하는 목적으로 사용한다. 리퀴드와 크림 타입이 있다.
	큐티클 오일	큐티클에 유·수분을 공급하여 큐티클의 건조 및 갈라짐을 방지한다.
	베이스 코트 & 탑코트	베이스 코트는 폴리시를 바르기 전 손톱을 보호하기 위해 바른다. 탑코트는 컬러링 후 광택과 유지력을 높이는 역할을 한다.
	네일 폴리시 & 젤 네일	네일 컬러(Nail Color) 또는 에나멜(Enamel)이라고도 한다. 젤(Gel Nail)은 UV로 큐어링하여 굳혀 사용해야 한다.
	폴리시 리무버 & 젤 리무버	네일 폴리시 및 인조 네일을 제거하는 역할을 한다. 주로 아세톤을 함유하고 있으나 비아세톤 제품도 있다.
	인조 네일	손톱의 길이를 연장하기 위한 네일 팁(Nail Tip)을 말한다. 풀 팁, 하프 팁, 클리어 팁, 디자인 팁 등으로 종류가 다양하다.
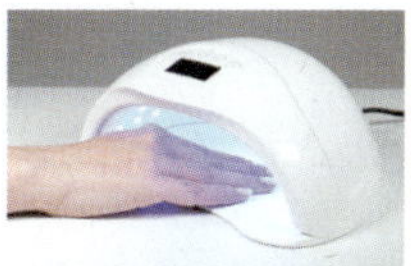	UV 램프	젤 네일(Gel Nail) 시 젤을 큐어링하는 기기로 젤을 건조시켜 굳히는데 사용한다. UV 빛이 눈에 닿지 않도록 하며, 젤을 너무 두껍게 바르면 뜨겁게 느낄 수 있으므로 주의한다.

3) 네일 케어

네일 케어(Nail Care)는 큐티클을 정리하고, 네일과 손을 관리하는 것으로 습식 매니큐어, 건식 매니큐어, 파라핀 매니큐어 등으로 분류된다.

네일 케어의 방법		특징
	습식 매니큐어	미온수에 10~15분 정도 손톱을 담가 큐티클을 연화시킨 후 큐티클을 정리하는 방법이다. 불려진 큐티클이 마르지 않도록 큐티클 오일을 바르고 푸셔로 밀어내며, 니퍼로 제거한다.
	건식 매니큐어	물 대신 큐티클 리무버를 사용하여 큐티클을 불린 후 큐티클을 제거하는 것이다. 손이 매우 건조한 경우에는 건식 매니큐어보다 습식 매니큐어가 적합할 수 있다.
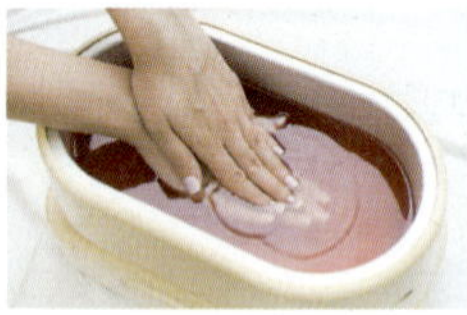	파라핀 매니큐어	상온에서 고체 상태의 파라핀을 열로 녹여 손과 손톱을 관리하는 것으로 건조, 갈라짐, 통증을 완화하는 효과가 있다.

4) 네일의 형태

네일의 형태		특징
	라운드 (Round)	프리엣지 부분이 자연스러운 둥근 형태로 가장 일반적인 네일 디자인 형태이다. 로맨틱하고 여성스러운 이미지에 잘 어울린다.
	스퀘어 (Square)	네모 모양의 손톱으로 손톱이 파고드는 것을 예방하는 효과가 있다. 강한 느낌을 주는 형태로 손가락이 짧고 굵게 보일 수 있다.
	라운드 스퀘어 (Round Square)	양쪽 모서리가 둥근 스퀘어형의 변형으로 세미 스퀘어라 부르기도 한다. 모던한 이미지를 연출하기 좋다.
	오벌 (Oval)	중심 부분을 길게 장방형으로 둥글게 처리한 손톱으로 엘레강스한 이미지를 표현하기 좋다. 손톱 옆면이 쉽게 찢어지는 단점이 있다.
	포인트 (Point)	끝이 뾰족한 아몬드 형태로 트렌디하고 강한 이미지의 여성에게 잘 어울린다. 손가락이 가늘고 길게 보이는 장점이 있다.

5) 네일 컬러링

네일 컬러링의 종류		특징
	풀 코트 (Full Coat)	프리엣지 단면과 사이드 라인, 큐티클 부분까지 손톱 단면 전체에 하나의 컬러로 꽉 채워서 바르는 방법이다. 컬러에 따라 느낌이 다양하며, 주로 모던한 이미지를 표현한다.
	프렌치 (French)	프리엣지 부분에 포인트 컬러를 바르는 것으로 손톱이 짧아 보일 수 있어 주의한다.
	그라데이션 (Gradation)	손톱 끝부분을 진하게 칠하고 안쪽으로 갈수록 점진적으로 연하게 바른다.
	루눌라 (Lunula)	루눌라 부분을 남기고 바르거나 루눌라 부분에 손톱 전면과 다른 컬러로 바르는 방법으로 트렌디한 이미지이다.

6) 인조 네일

네일의 형태를 인위적으로 만드는 방법으로 찢어진 네일을 보호하고, 길이 연장 및 디자인의 목적이 있다.

인조 네일의 종류		특징
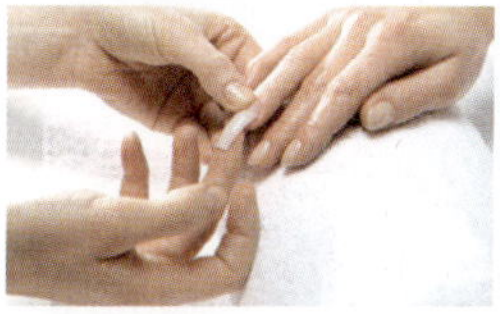	네일 팁 (Nail Tip)	팁(Tip) 형태의 인조 네일을 손톱 위에 붙이는 것으로 주로 손톱의 길이를 연장할 때 사용한다. 완성된 디자인의 네일 팁을 통째 붙이기도 한다.
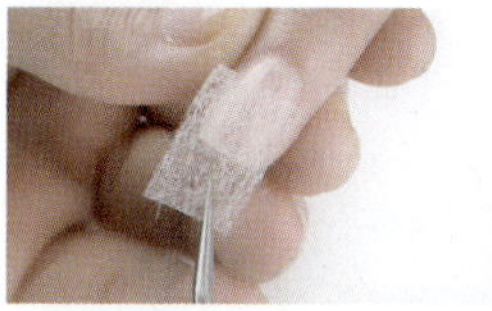	네일 랩 (Nail Wraps)	네일용 실크나 종이를 접착제로 손톱에 붙여 찢어진 손톱을 보강해주는 방법으로 랩핑(Wrapping)이라고도 한다.
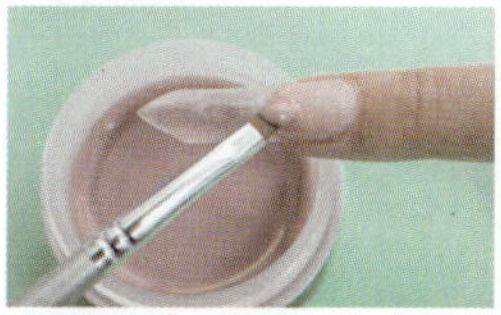	네일 익스텐션 (Nail Extension)	네일용 실크나 필러 파우더로 손톱의 길이를 연장하는 방법으로 모양을 자유롭게 연출할 수 있는 장점이 있다.
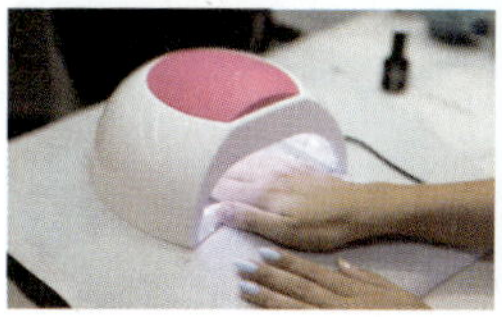	젤 네일 (Gel Nail)	젤 네일을 손톱에 발라 길이를 연장하는 방법으로 UV 램프로 큐어링하여 굳힌다. 광택이 우수하고 오래 유지되는 장점이 있다.

뷰티 이미지맵 실습

로맨틱 이미지(Romantic)

엘레강스 이미지(Ellegance)

뷰티 이미지맵 실습

클래식 이미지(Classic)

모던 이미지(Modern)

뷰티 이미지맵 실습

액티브 이미지(Active)

소피스트케이트 이미지(Sophisticated)

뷰티 이미지맵 실습

매니시 이미지(Mannish)

에스닉 이미지(Ethnic)

패션 스타일링 이미지 FASHION STYLING IMAGE

04

1. 패션(Fashion)의 의미

'패션'은 특정한 시기에 많은 사람이 받아들여서 따르는 행동과 의복을 포함한 삶의 양식의 계속된 변화 과정이다. 패션의 사전적 의미는 양식, 관습, 시대의 기호, 풍조, 유행 등 여러 가지를 포함한다.

1) 패션의 개념

패션의 어원은 라틴어의 '팩티오(Factio)'에서 유래되어 '만드는 것', '행위', '행동', '활동' 등을 뜻한다. 중세 영어로는 '팩시움(Facioum)' 이라 불렀으며, 프랑스어는 '모드(Mode)', 이탈리아어는 '모도(Modo)'와 같은 의미를 지니며, 현대에 와서 패션(Fashion)으로 변화되었다.

패션은 다른 현상보다 광범위하게 연구되어 왔으며, 사회현상의 하나로 일정한 사회에서 일정한 기간 내에 많은 사람이 어떤 자극에 대한 반응으로 '사회적 동조 행동의 한 형태' 일컫는다.

즉 어떤 특정한 기간과 공간 내에서 대다수의 사람이 의식적이거나 무의식적으로 특정 스타일을 받아들이거나 따르는 행동 양식이 시대를 반영하고 주기적인 특성을 보이는 복잡하고 다양한 '사회현상'이라고 말할 수 있다.

2) 패션 용어

(1) 스타일(Style)

스타일은 형식, 양식 등의 뜻으로 하나의 복식이 단기간 또는 장기간에 걸쳐 유행되다가 정착된 '다른 것들과 하나의 대상을 구별하는 특징적인 형태'이다. 의복에서는 형태의 윤곽선인 실루엣(Silhouette), 라인(Line), 룩(Look)과 같은 의미로도 사용된다.

(2) 모드(Mode)

모드의 어원은 라틴어의 모디스(Modus)에서 유래되었으며, 시대적으로 취미, 기호에 따라 생활이나 의복 양식을 정하는 일시적인 풍속이다. 하이 패션을 의미하고, 매스 패션의 기본적인 형을 말한다.

(3) 클래식(Classic)

클래식은 고전적, 전형적 등의 의미로 고대 그리스, 로마풍을 모범으로 기본적, 전통적 뉘앙스를 갖는 스타일로써 시대를 초월하여 이어져 온 가치와 변하지 않는 보편성을 가진다. 오랜 기간 지속해서 수용된 특정 스타일로 디자인은 전통적이고 정형화되어 하나의 유행이 정점에 도달한 후 서서히 사라지면서 정착되어 고유스타일이 남게 된다.

(4) 하이패션(High Fashion)

하이패션은 보편화하기 이전 상태의 첨단적인 최신 유행이며, 일부 상류층이 즐겨 입는 제한된 디자이너의 창작적, 독점적 디자인을 말한다. 하이패션의 특징은 패션화의 과정상 초기 단계로서, 소량 생산되어 높은 가격과 혁신적인 디자인, 착용자의 사회적 명성이나 권위 등이 대중과 차별화된다.

(5) 매스 패션(Mass Fashion)

매스 패션이란 하이 패션과 상응되는 용어로서 최신 유행이 전파 확산한 다음 대중들에 의하여 받아들여지는 패션을 말한다.

(6) 오트 쿠튀르(Haute Couture)

오트 쿠튀르는 '고급 전문점'으로 우수한 봉제 작업을 의미한다. 파리의 쿠튀르 하우스의 집단이며 정교한 봉제 기술과 디테일(Detail)이 완벽하다, 쿠튀르 하우스(Couture House)의 소속 디자이너들이 독창적인 컬렉션(Collection)을 발표하여 개인적인 맞춤 방식을 기초로 주문생산한다.

(7) 프레타 포르테(Prêt à Porter)

프레타 포르테는 바로 입을 수 있도록 준비된 것의 의미로서 고급 기성복을 말한다. 오트 쿠튀르에서 발표된 것을 기성품 느낌과 같이 재단과 봉제를 수정하여 일반 소비자가 부담없이 입을 수 있게 하여 디자이너의 독자적인 상품개발에 호평을 받고 있다.

(8) 패드(Fad)

패드는 일시적인 유행을 뜻하며, 비교적 짧은 기간(2~3개월 정도)동안 한정된 좁은 지역에서 유행되는 현상이며, 채택인구가 극소수인 집단이 급격히 상승하여 유행하다가 순식간에 소멸하는 짧은 수명의 패션을 말한다.

(9) 보그(Vogue)

보그는 프랑스어로 인기를 끌고 있다는 뜻을 지닌 가장 광범위한 유행을 의미하는 패션이며, '보그'라는 패션 잡지에서 같은 이름을 사용하고 있다.

2. 패션 실루엣

1) 실루엣 (Silhouette)

패션 디자인에서 실루엣은 의복의 성격을 결정짓는 가장 기본적인 요소이며, 의복을 착용한 상태의 표면 선과 외계(外界)와의 접촉면을 나타내는 '면의 외형선'으로 전체적인 윤곽선 또는 입체적인 아웃라인(Outline) 등의 총체를 의미한다.

(1) 실루엣의 분류

실루엣은 형태적 특성, 각 라인의 폭과 높이의 변화에 의하여 다음과 같이 분류된다.

① 스트레이트(Straight) : H 실루엣, ② 트라이앵귤러(Triangular) : A 실루엣, ③ 벌크(Bulk Silhouette) : O 실루엣, ④ X자형(X-Form) 등

① 스트레이트(Straight) : H

몸의 굴곡이 드러나지 않고 전반적으로 사각형의 수직에 가까운 외곽선을 지닌 실루엣으로 장식이 배제된 직선적인 느낌을 강조한 형태이다.

박시 라인(Boxy Line), 스트레이트(Straight), H라인(H-Line), 엠파이어(Empire) 등이 있다.

② 트라이앵귤러(Triangular) : A

허리를 강조하지 않은 것이 특징이며 숄더 라인, 웨이스트 라인, 햄 라인으로 갈수록 폭이 넓어진 형태를 지니는 삼각형과 숄더라인, 웨이스트 라인, 햄 라인으로 갈수록 폭이 좁아지는 역삼각형으로 구분된다.

피티드 (Fitted), A라인(A-Line), 트라페즈(Trapeze), 트럼펫 룩(Trumpet Look) 등이 있다.

실루엣의 종류

〈출처 : 박송애 서은경, "패션 포트폴리오 패션의 시각적 표현", 경춘사, 2013, p.41〉

③ 벌크(Bulk Silhouette) : O

웨이스트 라인이 풍성하고 헴 라인으로 갈수록 좁아지는 형태로 전체적으로 타원형의 느낌을 강조하고 부피감에 따라. 배럴 (Barrel), 벌룬 (Baloon) 등이 있다.

④ X자형(X-Form) : X, Y, T

어깨선을 살리면서 웨이스트 라인을 피트 시키고 헴 라인에서 넓어져 전체적으로 X자형의 느낌을 지닌다.

여성복의 대표적인 실루엣으로 허리선이 강조되고 어깨선과 헴 라인의 폭의 변화에 따라 달라진다.

프린세스 라인 (Princess Line), 아우어글래스 (Hourglass), 벨 (Bell) 등이 있다.

3. 패션 소재

1) 소재의 종류

패션 디자인에서 실루엣은 의복의 성격을 결정짓는 가장 기본적인 요소이며, 다음은 의복을 착용한 상태의 표이다.

종류		특성
천연 섬유	면	천연적으로 부드럽고 흡습성이 강하나 광택이 적다. 시원함, 부드러움, 흡습력 세척성이 좋아 여름 옷감으로 좋다. 종류 : 거즈, 개버딘, 깅엄, 네인숙, 데님, 리플, 모슬린, 벨베틴, 보일, 새턴, 시어서커, 오건디, 오스포드, 진 친츠, 코듀로이, 포필린, 코튼, 플란넬, 퍼케일, 플리세 피케 등
	마	통기성이 좋고, 세탁에 강하나 탄력이 적어 주름이 잘 생긴다. 거칠고 시원한 느낌으로 인해 여름 옷감으로 많이 쓰인다. 종류 : 런, 모시, 버랩, 심지, 캔버스, 팬시 클로드 등
	모	보온성이 뛰어나고 부드러운 촉감이 있다. 신축성과 탄성이 높아 구김이 덜 가고 형체 안정성이 높다. 종류 : 개버딘, 서지, 시일, 심지, 아스트리한, 저지, 캐시미어, 포럴, 모헤어, 앙고라, 플러시 등
	견	견직물 특유의 부드러운 광택을 주고, 유연하고 친수성으로 따뜻한 느낌을 준다. 고급스럽고 우아한 이미지 연출에 적합하다. 종류 : 공단, 그로그램, 능견, 벨벳, 브로케이드, 시폰, 양단, 오간자, 조젯, 크레이프, 태피터 등

종류		특성
인조 섬유	재생 섬유	천연원료를 인공적으로 섬유화한 것이다. 부드러운 감촉 광택 구김이 잘 가지 않고, 건조가 빠르다. 종류 : 비스코스 레이온, 큐프라암모늄, 인견, 아세테이트, 트리아세테이트 등
	합성 섬유	천연섬유를 대체하기 위해 개발되었다. 가볍고, 질기며 열가소성이 좋다. 세탁 후 줄어들지 않는 특징을 갖는다. 종류 : 폴리아미드, 폴리아크릴, 폴리에스터, 폴리프로필렌, 폴리우레탄, 폴리염화비닐, 폴리비닐알코올 등
기타	피혁	열가성이 좋다. 가죽은 특성상 불필요한 디자인과 트리밍을 배제하여 사용하는 것이 좋다. 부분적으로 울이나 저지 등과 매치시킬 수 있으며, 세탁 방법에 유의해야 한다. 종류 : 악어, 송아지, 캥거루, 돼지, 뱀, 양 가죽 등
	모피	보온성과 통기성이 좋다. 호화로운 기품과 광태 부드러운 촉감과 천연색의 아름다움이 있다. 원형을 손상시키지 않고, 자연적인 형태로 이용하는 것이 좋다. 종류 : 담비, 밍크, 양, 여우, 토끼, 호랑이 등
	부직포	섬유가 얽히게 만든 피륙으로 절단 부위가 풀리지 않아 봉제가 용이하다. 섬유가 거칠고 광택과 촉감이 좋지 않으므로, 의복으로 적당하지는 않다. 의복의 재료인 심지나, 문구용으로 사용된다.
	니트	신축성이 아주 좋아 편안한 의복이나 운동복으로 쓰일 수 있다. 통기성, 투습성, 보온성이 좋아 겨울 의복으로도 적당하다. 재료에 따라 마찰에 의해 필링이 생길 수 있고, 한번 올리 풀리면 멈추지 않으므로, 사용에 주의해야 한다.

[출처 : 박송애 · 서은경, "패션 포트폴리오 패션의 시각적 표현", 경춘사, 2013, p58]

(1) 천연 섬유

인류의 시작과 함께 사용된 피복 재료는 식물의 섬유소, 동물의 단백질 등과 같이 천연고분자 물질에서 얻어지는 섬유이다.

천연섬유의 종류

- 식물성섬유 : 면과 마를 비롯한 섬유소 섬유 (Cellulose Fibers)를 말한다.
- 동물성섬유 : 양모와 견을 비롯한 단백질 섬유를 말한다.
- 광물성섬유 : 석면이 대표적 섬유이다.

① 면섬유

목화씨에 붙어 있는 솜이 원료. 가장 많이 사용되는 섬유로서 포플린, 광목, 옥양목, 융, 데님, 코듀로이, 타월, 우단 등이 있다.

㉠ 면의 장점

- 흡수성과 착용감이 좋고, 오염을 잘 흡수하여 위생적이다.
- 가볍고 유연하며 내구성이 좋고 쉽게 염색이 된다.
- 흡습성이 좋아 정전기를 발생시키지 않고 세탁하기가 편리하여 속옷을 비롯하여 기저귀, 손수건, 운동복, 행줏감, 이불깃, 아동복, 작업복 등의 모든 옷의 재료로 사용된다.

② 마섬유

1년생 마식물의 줄기나 엽맥, 과실섬유에서 얻는 섬유이다.

㉠ 마의 장점

- 흡습성이 좋고 건조가 빠른 장점이 있으나 습윤 시 강도가 증가, 뻣뻣하고 구김이 잘 생기고 부스러지는 성질이 있어 폴리에스터와 혼방하여 사용하기도 한다.
- 강도와 내열성이 천연 섬유 중 가장 우수, 열전도율이 크고 통기성이 커서 시원하다.

③ 모섬유

면양의 털을 양모라고 한다.

㉠ 모의 장점

- 보온성이 크고 탄성이 우수하여 잘 구겨지지 않는다,
- 햇빛에 오래 두면 황변하게 되고 다리미 열에도 약하다.
- 겨울 외투로부터 여름옷까지 사계절 고급 옷감으로 쓰이고, 편성물로서 속에 입는 내복에서 스웨터, 장갑, 목도리, 저지로 쓰인다.

④ 견섬유

뽕을 먹고 자라는 누에고치로부터 뽑아낸 실로 만든 섬유이다.

㉠ 견의 장점

- 촉감이 부드럽고 광택이 좋고 보온성이 크나, 손질이 까다로워서 드라이 크리닝을 하는 것이 안전하다.

⑤ 헤어 섬유

헤어 섬유 (Hair Fibers)는 면양 이외의 동물의 털에서 얻은 섬유로서 굵고 긴 겉 털(Outer Hair)과 가늘고 부드러운 솜털 (Undercoat)로 구성되어 있으며, 산양류 (캐시미어, 모헤어), 낙타류 (낙타, 알파카, 비큐나, 구아나코, 라마), 토끼털과 모피 등이 있다.

(2) 인조섬유

① 나일론(Nylon)

나일론 섬유는 폴이아마이드의 합성섬유로 발명 당시 '석탄과 물과 공기로 만들어진 거미줄보다 가늘고 실크보다 아름답고 강철보다 강한 섬유'라고 발표되었을 정도로 전 세계는 가늘고 질긴 섬유의 개발에 찬사를 아끼지 않았을 정도로 20세기 섬유산업에 가장 큰 발명 중의 하나였다.

㉠ 나일론의 특징

- 물에 젖으면 빨리 마르는 특성이 있으나 보푸라기(필링이라고도 함)가 잘 생기며 정전기가 잘 발생하고 햇볕을 쬐면 누렇게 색이 변하는 황변 현상을 일으키므로 유의하여야 한다.

㉡ 나일론의 장점

- 나일론은 가볍고 강하며 신도가 크고 탄성 및 레질리언스가 커서 의류용과 산업용 등 다양한 용도로 이용된다. 의류용으로는 스타킹, 란제리, 양말, 셔츠, 스포츠 의류, 레저 웨어 등과 편성물에 주로 사용되며, 면이나 양모, 비스코스 레이온 등과 혼방하여 사용한다.

② **폴리에스터**(Polyester)

인조섬유 중에서 가장 많이 사용되는 피복 재료로 전체 합성섬유 생산양의 50% 이상을 차지하고 있다.

㉠ 폴리에스터의 장점

- 구김이 잘 생기지 않으며, 열가소성 (Heat Plasticity)을 이용한 열 고정성이 우수하여 신축, 구김, 형태의 틀어짐이 잘 일어나지 않음
- 우수한 형태 안정성과 세탁 후 다림질이 필요 없는 워시 앤드웨어(Wash & Wear) 성으로 사용이 간편하여 직물이나 편물의 피복 재료로 적합하다.

③ **아크릴**(Acryl)

가볍고, 촉감이 부드러워 울 (Wool)에 가까운 느낌을 주어 울 대용품으로 많이 활용된다.

㉠ 아크릴의 장점

- 보온성과 탄력성이 좋고 직사광선과 약품에 강하며 세제나 표백제 사용이 자유로우나 열에 매우 약하다.
- 양모와 비슷한 성질을 지니면서 양모보다 가볍고 워시 앤드웨어성이 좋으므로 양모 대용으로 사용된다.
- 부드럽고 가볍고 따뜻할 뿐만 아니라 편성물에 적합하므로 스웨터, 머플러, 장갑, 양말, 바지, 각종 내의 등에 널리 사용된다. 천연 모피와 비슷한 인조 모피로도 많이 활용된다.

2) 무늬의 종류

무늬의 종류는 표현방법에 따라 사실적 무늬(Realistic pattern), 양식적 무늬(Stylized pattern), 추상적 무늬(Abstract pattern), 기하학적 무늬(Geometric pattern) 등으로 구분된다.

무늬의 종류는 다음과 같다.

(1) 사실적 무늬

자연물과 인공물을 있는 그대로 표현한 것

예) 식물, 동물, 새, 비, 바람

(2) 양식적 무늬

있는 그대로의 형태가 아닌 형태 변형, 세부 묘사의 단순화 과장

예) 에스닉 이미지, 페이즐리 무늬

(3) 추상적 무늬

구체적 사물의 형태와 무관, 점, 직선, 곡선, 면, 색체 등의 자유로운 재결합, 상상력

예) 추상주의, 초현실주의 작품 해체, 추상 무늬, 아방가르드 무늬

(4) 기하학적 무늬

직선과 곡선의 교차, 일종의 추상 무늬, 자유로운 추상 무늬와 달리 일종의 규칙과 질서 존재

예) 스트라이프(Stripe), 도트(Dot), 체크(Check), 옵티컬(Optical) 무늬

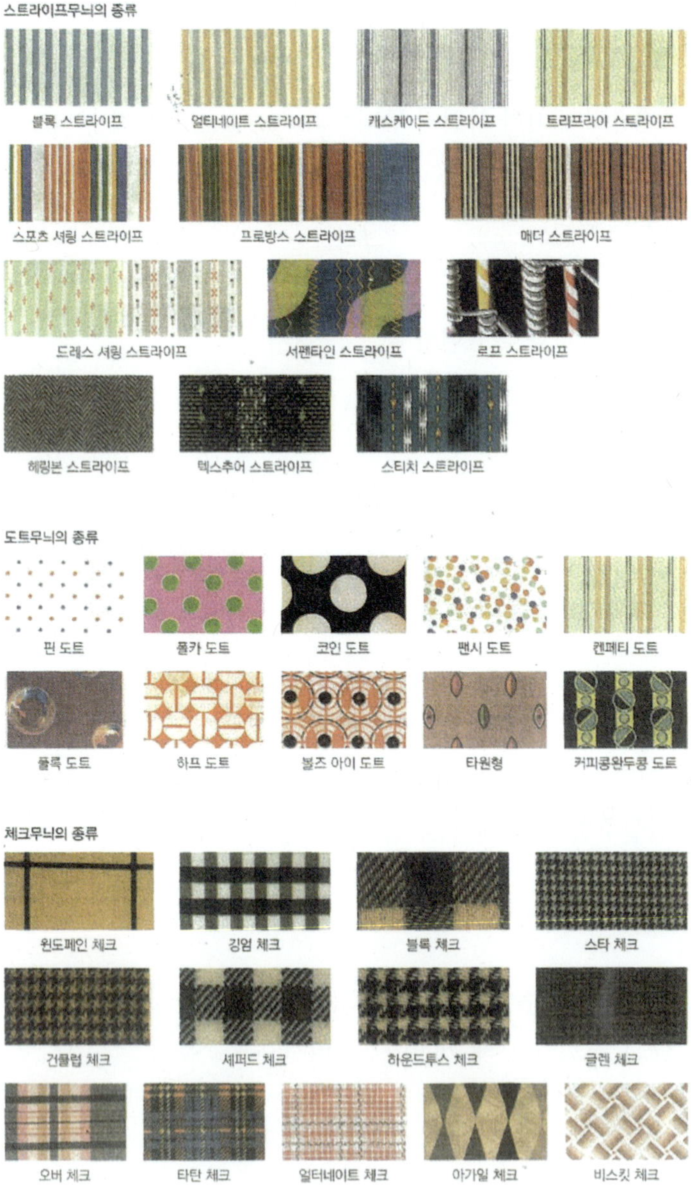

무늬의 종류

〈출처 : 이경희 이은령, "뉴 패션 디자인 플러스 발상", 교문사, 2017, p.209〉

4. 감성에 따른 테마별 패션 이미지

패션에서의 이미지는 디자인 요소에서 의해 다양한 이미지를 만들 수 있다.

감성 분류의 큰 4개의 기준은 크게 '정적, 동적' 이미지와 '과거지향, 미래지향' 이미지의 미의식이 있으며, 4개의 기본 미의식을 기준으로 상반되는 이미지를 포함시 8개의 미의식으로 나룰 수가 있다.

① 엘레강스(패미닌) ↔ 액티브 미의식

② 소피스티케이티드 ↔ 컨트리 미의식

③ 모던 ↔ 엑조틱 미의식

④ 로맨틱 ↔ 매니시 미의식

현대 대표적인 감성에 따라 본 장에서는 '내추럴(Natural)', '트래디셔널(Traditional Image)', '스포티(Sporty)', '로맨틱(Romantic)', '엘레강스(Elegance)', '모던(Modern)' '매니시(Mannish)' 이미지를 제시하였다.

1) 내추럴(Natural)

평안함, 자연스러움, 온화함, 친근함을 연상시키는 이미지 룩이다

천연 소재나 찬염 염료를 이용한 자연적 이미지의 패턴, 동식물의 문양이나 색상을 주로 사용한다, 넉넉하고 편안한 실루엣으로 몸을 타이트하게 조이거나 밀착되지 않고 자연스러움과 자유스러움을 추구하는 룩이다.

2) 클래식(Classic) / 트래디셔널(Traditional Image)

원래는 '고전의, 고풍스러운'이라는 뜻으로 보수적인 성향이 강한 스타일이며 넓은 범주에서 클래식과 유사한 이미지이다. 여성복에서는 직선적인 의상이 대부분으로 여성스러움보다는 지적인 이미지를 나타낸다.

대표적으로는 사회적으로 성공한 이미지를 나타낸다.

비즈니스 사회, 특히 금융 및 증권 관련 직종에 적합한 이미지로 대체로 보수 성향이 강한 이미지를 풍긴다. 단조롭지만 품위가 있고 세련된 느낌이며 유행에 민감하지 않아 오랫동안 선호되는 스타일이다.

「대표적인 브랜드」

랄프로렌, 앤 클라인, 아르마니, 버버리, 캘빈 클라인, 막스마라, 닥스 등

타이트하지 않고 약간은 여유 있게 몸에 붙는 테일러드 슈트나 테일러드 자켓이 주가 되는 아이템이다. 활동이 편하지만 변형되지 않은 기본형의 재킷과 코트가 있다. 흐르는 듯한 디자인은 거의 찾아볼 수 없는 라인이 분명한 스커트와 바지로 구성되고 캐주얼한 스웨터는 대부분 차분한 컬러로 보통 몸에 맞게 입는다.

STELLA MCCARTNEY,
PRÊT-À-PORTER 2023-2024 AUTUMN&WINTER
PARIS/LODON, gap PRESS, VOL.172

VERSACE,
PRÊT-À-PORTER 2023-2024 AUTUMN&WINTER
PARIS/LODON, gap PRESS, VOL.172

SPORTMAX,
PRÊT-À-PORTER 2023-2024 AUTUMN&WINTER
MILANO/NEW YORK, gap PRESS, VOL.171

HERMÈS,
PRÊT-À-PORTER 2023-2024 AUTUMN&WINTER
PARIS/LODON, gap PRESS, VOL.172

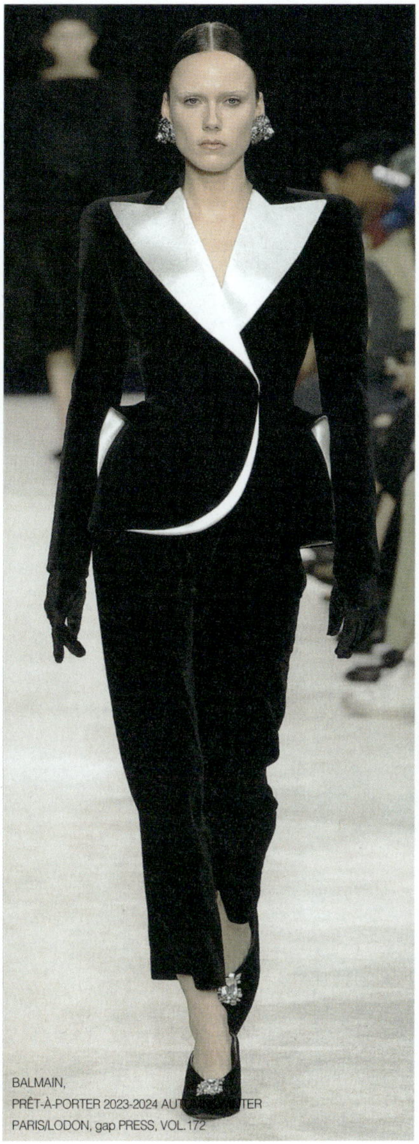

BALMAIN,
PRÊT-À-PORTER 2023-2024 AUTUMN&WINTER
PARIS/LODON, gap PRESS, VOL.172

PROENZA SCHOULER,
PRÊT-À-PORTER 2023-2024 AUTUMN&WINTER
MILANO/NEW YORK, gap PRESS, VOL.171

HERMÈS,
PRÊT-À-PORTER 2023-2024 AUTUMN&WINTER
PARIS/LODON, gap PRESS, VOL.172

3) 액티브(Active) / 스포티(Sporty)

스포츠 웨어에서 영향을 받은 것으로 일상적인 의상을 자유롭고 편하게 연출하는 것이다.

자유로운 스타일로 젊은 감성을 표현한다. 보기에 편안하며 입기에도 활동적인 스타일로 좀 더 자유로운 복장이라고도 할 수 있다.

워크 룩, 밀리터리 룩, 아미 룩, 라이더스 룩, 레이서 룩 등이 해당된다.

「대표적인 브랜드」

베네통, 켈빈 클라인, 갭(gap), 게스 등

신축성과 기능이 좋은 소재를 몸에 맞게 입거나 오버 사이즈, 헐렁하고 느슨한 스타일을 추구하는 활동적인 패션이며 의상의 패턴도 비교적 자유롭다.

대담한 로고의 T 셔츠, 스니커즈, 후드 점퍼, 진 팬츠, 백 팩 등이 주된 아이템이며 스트라이프와 체크, 단순하지만 반복적인 패턴 등이 선호된다.

엑센트 컬러로 원색에 가까운 비비드 톤을 사용하거나 파스텔 계열, 밝은 톤의 여러 색을 배색할 수도 있으며 주로 옐로와 그린, 핑크 계열의 중간 톤을 사용하여 젊고 자유로운 표현으로 연출한다.

ALICE+OLIVIA
PRÊT-À-PORTER 2023-2024 AUTUMN&WINTER
MILANO/NEW YORK. gap PRESS, VOL.171

KOCHÉ
PRÊT-À-PORTER 2023-2024 AUTUMN&WINTER
PARIS/LODON. gap PRESS, VOL.172

4) 로맨틱(Romantic)

꿈과 낭만을 좇는 장식 취향의 패션 감각으로. 사랑스러움, 여성스러움을 상징하는 대표적인 이미지로서 소녀의 감성으로 순수하고 귀엽다.

섬세한 표현이 많으며 부드러운 디자인이 중심이 된다.

여성의 곡선을 살리는 흐르는 실루엣이나 허리선을 강조하고 부드러운 어깨부분과 하의에도 레이스나 프릴, 리본, 주름장식 등의 세부적인 장식이 많다.

「대표적인 브랜드」

지아니베르사체, 엠마누엘 웅가로, 발렌티노 등

도트 프린트, 선명하고 반복되는 패턴, 플라워 프린트 등이 사용된다.

색상은 주로 밝은 컬러로 화이트, 아이보리와 함께 옐로우, 핑크, 블루, 오렌지, 퍼플 등의 파스텔 톤이 거의 대부분이다.

ZIMMERMANN,
PRÊT-À-PORTER 2023-2024 AUTUMN&WINTER
PARIS/LODON, gap PRESS, VOL.172

ERDEM,
PRÊT-À-PORTER 2023-2024 AUTUMN&WINTER
PARIS/LODON, gap PRESS, VOL.172

CHRISTOPHER KANE,
PRÊT-À-PORTER 2023-2024 AUTUMN&WINTER
PARIS/LODON, gap PRESS, VOL.172

5) 엘레강스(Elegance : 패미닌)

우아함, 단정함, 고상함 등을 나타내는 것으로 성숙한 여성의 이미지를 말한다.
품위 있고 세련되며 고급스럽다.
장식이 강조된 로맨틱 이미지와는 대조적으로 최소한의 장식을 사용하고 디자인의 흐름이 과장되지 않으며 절제된 느낌으로 호화스러움은 배제된다.

「대표적인 브랜드」
샤넬, 크리스찬 디올, 구찌, 지방시 등

엘레강스의 컬러는 주로 부드러운 색조로 대개 라이트 그레이쉬, 그레이쉬, 다크 그레이쉬 톤에 해당하며 고상함을 나타내기 위해 색상의 대조를 약하게 하여 섬세하고 우아한 느낌으로 표현한다.

VIVIENNE WESTWOOD,
PRÊT-À-PORTER 2023-2024 AUTUMN&WINTER
PARIS/LODON, gap PRESS, VOL.172

ALICE+OLIVIA,
PRÊT-À-PORTER 2023-2024 AUTUMN&WINTER
MILANO/NEW YORK, gap PRESS, VOL.171

Y/PROJECT,
PRÊT-À-PORTER 2023-2024 AUTUMN&WINTER
PARIS/LODON, gap PRESS, VOL.172

BALMAIN,
PRÊT-À-PORTER 2023-2024 AUTUMN&WINTER
PARIS/LODON, gap PRESS, VOL.172

6) 모던(Modern)

'근대적', '현대적'이라는 의미이며 현대적이고 도시적인 이미지로 진취적인 감각을 아우르는 것으로 그 범위가 넓고 깊다.

간결하며 깔끔한 디자인과 다소 차가우면서도 장식성이 배제된 간결미를 추구한다. 베이직 티셔츠, 언밸런스 원피스, 화이트 블라우스, 와이드 팬츠 등의 아이템들을 배치하면 모던한 이미지를 연출할 수 있고 현대의 오피스룩은 대부분 모던한 패션 이미지를 지향하고 있다.

디자인은 간결하게 개성을 나타내며 단순한 라인과 직선적인 패턴이 선호된다.

모던 이미지의 컬러는 주로 무채색이며 시원하고 샤프한 감각, 단순하지만 반복적인 패턴, 명암의 대비가 나타나는 컬러를 배색하기도 한다.

또한 모노톤의 컬러 배색에 산뜻한 한색 계열의 악센트 컬러를 주는 것도 모던 이미지 색채 배색 방법이다.

CHLOÉ,
PRÊT-À-PORTER 2023-2024 AUTUMN&WINTER
PARIS/LODON, gap PRESS, VOL.172

BOTTEGA VENETA,
PRÊT-À-PORTER 2023-2024 AUTUMN&WINTER
MILANO/NEW YORK, gap PRESS, VOL.171

JOHANNA PARV,
PRÊT-À-PORTER 2023-2024 AUTUMN&WINTER
PARIS/LODON, gap PRESS, VOL.172

KAROLINE VITTO,
PRÊT-À-PORTER 2023-2024 AUTUMN&WINTER
PARIS/LODON, gap PRESS, VOL.172

BOTTEGA VENETA,
PRÊT-À-PORTER 2023-2024 AUTUMN&WINTER
MILANO/NEW YORK, gap PRESS, VOL.171

7) 매니쉬(Mannish)

활동성과 건강미를 추구하는 패션 감각으로 남성복에서 영감을 얻은 패션 룩이다. 댄디(Dandy)룩과 보이시(Boyish), 앤드로지너스(Androgenous), 젠더리스(Genderless)룩이 해당된다.

VALENTINO,
PRÊT-À-PORTER 2023-2024 AUTUMN&WINTER
PARIS/LODON, gap PRESS, VOL.172

DRIES VAN NOTEN
PRÊT-À-PORTER 2023-2024 AUTUMN&WINTER
PARIS/LODON, gap PRESS, VOL.172

VALENTINO,
PRÊT-À-PORTER 2023-2024 AUTUMN&WINTER
PARIS/LODON, gap PRESS, VOL.172

8) 에스닉(Ethnic)

'인류학적'이란 의미의 에스닉은 민속 의상, 염색, 직물, 자수 등에서 힌트를 얻어 비기독교 문화권의 민속적 의상과 패션 룩을 말한다.

일본 전통 의상인 기모노, 중국 전통 의상인 치파오로 대표되는 직선적인 옷으로 목둘레나 소매가 독특한 형태를 취하고 있는, '오리엔탈(Oriental Look)' 룩, 할렘 펜츠로 힙 부분이 풍성하고 바짓부리가 좁거나 드레시한 특징을 지닌, '아라비안 룩(Arabian Look)', 미국이나 캐나다 인디언의 민족의상에서 힌트를 얻은 아메리칸 '인디언 룩(American Indian Look)', 아프리카 전 지역의 민속 의상이나 무늬, 컬러, 액서서리를 모티브로 원시적이고 직선적이며 봉제를 최소한 '아프리카 룩(Africa Look)'이 해당된다.

ULLA JOHNSON
PRÊT-À-PORTER 2023-2024 AUTUMN&WINTER
MILANO/NEW YORK, gap PRESS, VOL.171

ETRO
PRÊT-À-PORTER 2023-2024 AUTUMN&WINTER
MILANO/NEW YORK, gap PRESS, VOL.171

ENGINEERED GARMENTS
PRÊT-À-PORTER 2023-2024 AUTUMN&WINTER
MILANO/NEW YORK, gap PRESS, VOL.171

ETRO
PRÊT-À-PORTER 2023-2024 AUTUMN&WINTER
MILANO/NEW YORK, gap PRESS, VOL.171

OFF-WHITE co VIRGIL ABLOH,
PRÊT-À-PORTER 2023-2024 AUTUMN&WINTER
PARIS/LODON, gap PRESS, VOL.172

5. 패션 스타일링(Fashion Styling)

패션 스타일링은 개인의 외모, 성격, 문화적 배경 등을 고려하고 의류, 액세서리, 신발 등 다양한 패션 아이템을 조합하여 개인의 개성과 스타일을 표현하는 과정이다. 이는 개인의 취향, 선호하는 디자인, 실루엣, 색상 등을 기반으로 자신만의 독특한 패션 아이덴티티(Fashion identity)를 형성하는 것을 의미한다.

일상적인 룩부터 특별한 이벤트나 행사에 어울리는 스타일링까지 다양한 상황과 목적에 따라 다양한 변화를 줄 수 있으며 패션 트렌드를 반영하거나 개인의 고유한 스타일을 구축하는 데 활용될 수도 있다.

1) 여성의 패션 아이템

(1) 슈트(Suit)

여성의 패션 아이템인 슈트는 일반적으로 자켓과 하의(스커트 또는 바지)로 구성된 세트를 의미한다. 슈트는 전통적으로 남성용 의상으로 알려져 있었지만, 여성들도 점점 더 슈트를 착용하여 다양한 스타일과 자신만의 멋을 표현하고 있다. 자신만의 개성과 매력을 돋보일 수 있는 패션 아이템으로 액세서리와 함께 조합하여 다양한 룩을 완성할 수 있으며, 개인의 취향과 목적에 맞게 슈트를 선택할 수 있다.

여성의 패션 슈트는 다양한 디자인과 스타일이 있는데 다음과 같은 특징을 가지고 있다

① 슈트의 특징

㉠ 자켓 : 여성용 슈트의 자켓은 일반적으로 남성용 슈트의 자켓보다 여성다운 실루엣을 갖고 있다. 여성의 곡선에 맞게 조정되어 허리와 어깨 라인이 강조되는 디자인이 특징으로 자켓의 길이와 버튼 수, 카라 디자인 등은 슈트의 스타일에 따라 다를 수 있다.

㉡ 스커트 또는 바지 : 슈트의 하의는 스커트 또는 바지 형태로 선택할 수 있다. 스커트는 다양한 길이와 실루엣으로 제공되며, 펜슬 스커트, A라인 스커트, 플레어 스커트 등이 일반적인 스타일이다. 바지는 일반적으로 일자 바지, 슬림 핏 바지, 와이드 레그 바지 등 다양한 스타일로 연출한다.

㉢ 소재와 색상 : 슈트는 울, 비스코스, 폴리에스터, 린넨 등이 자주 사용되는 소재로 색상은 비즈니스 환경에서는 주로 네이비, 그레이, 블랙과 같은 모노톤이 선호되지만, 특별한 자리나 개인적인 스타일에 따라 밝은 컬러나 패턴이 사용될 수도 있다.

㉣ 스타일과 용도 : 슈트는 비즈니스, 정식 자리, 행사, 일상적인 캐주얼 스타일 등 다양한 용도에 따라 다른 스타일을 선택할 수 있다. 비즈니스 슈트는 전통적이고 격식 있는 디자인을 가지며, 특별한 자리에는 보다 우아하고 고급스러운 디자인의 슈트를 선택할 수 있다.

② 슈트의 종류

㉠ 테일러드 슈트(Tailored Suit) : 테일러드 칼라가 달려있는 재킷과 같은 소재의 스커트로 싱글이나 더블 버튼이 일반적이다. 비즈니스 환경에서 많이 착용되지만, 특별한 자리나 격식 있는 행사에도 적합하며 여성들에게 전문적이고 고급스러운 느낌을 준다.

㉡ 카디건 슈트(Cardigan Suit) : 칼라가 없는 재킷과 스커트로 여성들이 편안하게 입을 수 있도록 자유로운 움직임을 제공하면서도 슈트의 전체적인 스타일을 유지한다. 카디건 슈트는 보다 캐주얼한 환경이나 일상적인 자리에 적합하다.

㉢ 판탈롱 슈트(Pantalon Suit) : 판탈롱은 프랑스어로 '긴 바지'를 뜻하며 바지와 재킷을 같은 소재로 만들어 조합한 한 벌의 정장을 말한다. 활동성이 좋으며 신체의 결점을 커버하고 단정하고 세련된 이미지를 연출한다.

(2) 재킷(Jacket)

재킷의 기본 스타일로는 칼라의 형태에 따라 테일러드 칼라 재킷, 라운드 네크라인 재킷과 캐주얼 재킷으로 나뉘며 소재에 따라 모직 재킷, 진 재킷과 가죽 재킷 등이 있다. 재킷은 소재, 디자인, 실루엣, 장식 등의 요소에 따라 다양한 스타일이 있다. 재킷의 종류는 다음과 같다.

① 재킷의 종류

㉠ 테일러드 칼라 재킷(Tailored Collar Jacket) : 테일러드 칼라 재킷은 싱글여밈이 일반적이며 여성의 전문성과 세련된 분위기를 동시에 표현할 수 있는 아이템으로, 비즈니스 캐주얼부터 정장 스타일까지 다양한 자리와 상황에서 활용할 수 있다.

테일러드 컬러 재킷

㉡ 라운드 네크라인 재킷(Round Neckline Jacket) : 라운드 형태의 네크라인을 가지고 있어 부드럽고 여성스러운 느낌을 주는 스타일이다. 다양한 자리와 상황에서 활용할 수 있는 범용적인 아이템으로, 캐주얼한 일상 룩부터 모임이나 특별한 자리에도 어울리는 스타일링을 할 수 있다.

㉢ 모직 재킷(Woolen Jacket) : 양모, 캐시미어 등 울 혹은 울 혼방 소재로 제작되어 보온성이 뛰어나며, 부드럽고 고급스러운 텍스처를 제공한다. 혼방 소재는 울의 특성을 유지하면서도 내구성과 편안한 착용감을 더한다. 비즈니스 캐주얼 룩이나 겨울철 스타일링에 잘 어울린다.

㉣ 진 재킷(Jean Jacket) : 데님 재킷이라고도 한다. 데님 재질은 면 소재로 다양한 두께와 신축성을 가지고 있으며 탄탄하고 내구성이 높아 오랫동안 사용할 수 있다. 캐주얼한 스타일의 다양한 디자인과 워싱으로 클래식하면서도 트렌디한 스타일을 연출할 수 있다.

㉤ 레더 재킷(Leather Jacket) : 가죽(레더) 소재로 만들어진 스타일리시하고 독특한 매력을 가진 재킷으로 특히 모터사이클 재킷으로 유명하다. 캐주얼한 데일리 룩에서는 청바지와 함께 매치하거나 드레시한 룩에는 스커트와 함께 코디하여 세련된 분위기를 연출할 수 있다.

② 재킷의 명칭

㉠ 볼레로(Bolero) : 짧은 길이의 재킷으로 상의나 드레스와 함께 레이어드하여 스타일을 완성하는 아이템으로 주로 특별한 자리나 포멀한 이벤트에서 착용되는 소형 아우터이다.

㉡ 샤넬 재킷(Chanel Jacket) : 코코 샤넬이 처음으로 디자인한 재킷으로 둥근 네크라인과 체형에 맞게 테일러링된 실루엣이 특징이다. 집게 단추로 닫히는 디자인이 일반적이며, 트위드 소재와 진주 장식 등 샤넬의 시그니처 요소가 함께 사용된다.

㉢ 싱글 브레스티드 재킷(Single Breasted Jacket) : 가슴 여밈이 싱글 라인 재킷으로 클래식한 테일러드 스타일로 제작되며, 전통적인 정장 룩을 연상시키는 디자인이다.

㉣ 더블 블레스티드 재킷(Double Breasted Jacket) : 가슴 여밈이 더블라인 재킷으로 보다 구조적이고 견고한 느낌을 주며, 클래식하고 고급스러운 분위기를 연출한다.

㉤ 차이니즈 재킷(Chinese Jacket) : 차이나 자켓이라고도 불리며, 중국의 전통 의상에서 영감을 받은 재킷으로 목 단추나 중국어로 '마오'라고 불리는 높은 목 칼라가 특징이다. 자수, 장식이나 중국의 전통 패턴이 자주 사용되며, 독특하고 우아한 분위기를 연출한다.

ⓑ 블레이저 재킷(Blazer Jacket) : 19세기 영국의 케임브리지 대학교에서 조정팀이 입었던 빨간 유니폼인 '적색'의 의미를 지닌 블레이저에서 명칭이 유래하였으며 싱글 또는 더블 브레스티드의 테일러드한 스포츠 재킷으로 노치드 라펠, 패치포켓 등이 특징이다.

ⓢ 사파리 재킷(Safari Jacket) : 사파리 스타일의 옷에서 영감을 받은 재킷으로, 여러 개의 큰 포켓과 벨트 디테일이 특징이다. 더욱 편안하고 캐주얼한 분위기를 연출하며, 아웃도어 활동이나 여행용으로 인기가 있다.

ⓞ 파카 재킷(Parka Jacket) : 주로 추운 날씨에서 보온용으로 사용되는 외투로 주로 방수 또는 방풍 소재로 만들어져 다양한 환경에서 사용된다.

ⓙ 봄버 재킷(Bomber Jacket) : 전통적으로 비행사들이 착용한 가죽 재킷에서 영감을 받은 스타일이다. 보통 허리까지 오는 길이와 허리 및 소매 부분이 탄력 있는 밴드로 마감되는 특징이 있으며 다양한 소재와 디자인으로 제작되어 캐주얼한 룩에 잘 어울린다.

ⓒ 아노락 재킷(Anorak Jacket) : 주로 야외 활동이나 아웃도어 스타일에 적합한 재킷으로 주로 방수나 방풍 소재로 제작되어 비나 바람으로부터 보호해준다. 보통 후드가 부착되어 있으며 허리 또는 밑단에 스트링 또는 조임 장치가 있어 품을 조절할 수 있다.

ⓚ 스톨 재킷(Stole Jacket) : 스톨은 긴 형태의 얇은 천이나 패브릭 조각으로, 주로 목을 감거나 어깨에 걸쳐 사용되는 액세서리이다. 스톨 재킷은 이러한 스톨을 재킷의 디자인에 통합하여 착용자의 스타일과 분위기를 강조하는 아이템이다.

ⓣ 판초 재킷(Poncho Jacket) : 남미의 전통 의상에서 유래했으며 모포와 같은 천을 중앙에 구멍을 내어 입도록 한 오버 사이즈의 아우터이다. 주로 양털, 울 혹은 기타 부드러운 소재로 만들어져서 특히 가을이나 겨울철에 따뜻함을 제공하는 아이템으로 사용한다.

(3) 코트(Coat)

① **케이프**(Cape) : 어깨를 덮는 넓은 직사각형 모양으로 허리나 손목에 고정되지 않고 넓게 펼쳐져 있어 어깨를 감싸는 형태로 착용된다. 고전적이고 우아한 분위기를 연출할 수 있다.

② **더플 코트**(Duffle Coat) : 원래 영국 해군의 제복으로 개발되었으며 영국의 전통적인 스타일의 겨울 외투로 큰 토글 버튼으로 잠그는 전면 클로징과 넓은 후드가 있다. 후드는 더플 코트의 특징적인 요소로서 보온성과 스타일을 동시에 제공한다.

③ **트렌치 코트**(Trench Coat) : 제1차 세계대전 중 영국 군인들을 위해 설계된 방수 겉옷이 시초로 넓은 카라, 어깨 패드, 뒷면에 있는 버튼 스트랩, 앞면에 있는 두 줄의 큰 버튼, 그리고 허리 벨트의 디테일들은 트렌치 코트를 독특하게 만들어준다.

④ **체스터필드 코트**(Chesterfield Coat) : 싱글 브레스티드 디자인과 미디엄 기장이 특징으로 트렌치 코트와 비슷한 스타일이지만, 허리 벨트가 없는 것이 차이점이다. 다양한 소재와 컬러로 제작되어 격식있고 클래식한 룩에 잘 어울린다.

체스터필드 코트

⑤ **텐트 코트**(Tent Coat) : 텐트에서 영감을 받은 디자인의 코트로 팔과 몸통이 하나로 이어진 드롭 숄더 스타일이며, 전체적으로 넉넉한 핏과 루즈한 느낌을 준다. 이러한 디자인은 텐트의 형태와 유사하여 독특한 시각적인 효과를 연출한다.

(4) 셔츠(Shirt)

① 셔츠의 종류

블라우스

㉠ 버튼 다운 셔츠 : 가장 일반적인 형태의 셔츠로, 전면이 단추로 이루어진 디자인이다. 다양한 소재와 컬러로 제공되며, 일상적인 스타일링에 잘 어울리는 아이템이다.

㉡ 블라우스 : 여성들이 일상적으로 착용하는 상의로 다양한 디자인, 패턴, 소재가 있으며 캐주얼한 룩부터 정장 스타일까지 다양한 스타일링에 활용될 수 있습니다.

㉢ 티셔츠 : 편안하고 캐주얼한 스타일로 라운드 네크라인이나 브이넥 디자인이 있으며 다양한 프린트나 그래픽 패턴도 있다.

㉣ 셔츠 드레스 : 길이가 긴 셔츠로 드레스처럼 단독으로 착용할 수 있는 아이템이다. 벨트로 허리를 잡아줄 수도 있으며, 다양한 스타일의 셔츠 드레스로 분위기를 연출할 수 있다.

ⓜ 오버사이즈 셔츠 : 넉넉하고 루즈한 핏을 가진 셔츠로, 캐주얼한 스타일링에 잘 어울리며 레이어링이나 액세서리와 함께 스타일링 할 수 있다.

② 셔츠의 명칭

㉠ 버스티어(Bustier) : 여성들이 상의로 착용하는 속옷으로 주로 가슴을 강조하고 허리를 잡아주는 디자인으로, 미니멀한 스타일부터 장식이 많이 들어간 고급스러운 디자인까지 다양하다.

㉡ 캐미솔(Camisole) : 얇고 가벼운 소재의 상의 여성 속옷으로 어깨끈이 있으며, 가슴을 감싸주는 디자인으로 여성스러운 느낌을 준다. 캐미솔은 단독으로 착용하거나 레이어링 아이템으로 활용할 수 있다.

㉢ 스먹(Smock) : 옷의 일부분에 주름을 잡아 볼륨을 만들어주는 디자인 기법으로 주로 소매 부분이나 몸통 부분에 스먹 디자인이 적용되며, 셔링이나 주름 디테일로 다양한 분위기를 연출할 수 있다.

㉣ 패플럼(Peplum) : 허리 부분에 달린 프릴이나 절개선을 가진 디자인으로 허리를 잘록하게 보이도록 하고 힙 부분을 강조하는 효과를 준다. 주로 원피스나 상의의 디자인에 적용되며, 여성스러운 분위기를 연출할 수 있다.

㉤ 블루종 셔츠(Blue Jean Shirt) : 청자켓이나 청바지와 비슷한 데님 소재로 제작된 셔츠이며 전통적인 미국 워크웨어 스타일에서 영감을 받은 디자인으로, 두툼한 소재와 블루 컬러가 특징이다.

㉥ 셔츠 웨이스트(Shirt waist) : 정장 안에 받쳐 입는 남성용 셔츠처럼 재단된 심플한 블라우스로 깃이 세워져 있는 셔츠 칼라에 커프스가 달린 것이 기본이다.

ⓢ 웨스턴(Western) : 미국의 서부 지방의 카우보이 문화에서 영감을 받은 패션 스타일로 특히 주로 데님으로 만들어진 요크 장식을 특징으로 한다. 웨스턴 스타일의 옷은 일반적으로 프린트나 장식이 돋보이며, 남성적이고 독특한 분위기를 연출한다.

ⓞ 탱크 탑(Tank Top) : 소매 없이 얇은 어깨끈만 있는 상의이다. 편안하고 캐주얼한 스타일을 갖추고 있으며, 여름철이나 운동할 때 많이 착용한다.

ⓙ 폴로(Polo) : 카라와 단추로 이루어진 스포츠 스타일의 셔츠이다. 폴로는 원래 골프에서 착용하기 위해 개발되었으며, 이후 다양한 운동이나 캐주얼한 스타일에도 많이 사용된다.

(5) 스커트(Skirt)

여성 스커트는 다양한 스타일과 길이가 있으며, 각각의 스커트는 특정한 분위기와 스타일을 표현할 수 있다. 여성 스커트의 주요 종류는 다음과 같다

① 스커트의 종류

ⓖ 미니 스커트(Mini Skirt) : 허벅지 중간부터 무릎 위로 올라오는 길이의 스커트로 섹시하고 경쾌한 분위기를 연출할 수 있다.

ⓝ 미디 스커트(Midi Skirt) : 무릎에서 종아리 중간까지 오는 중간 길이의 스커트로 클래식하면서도 우아한 분위기를 연출할 수 있다.

ⓓ 롱 스커트(Long Skirt) : 종아리 이상의 길이를 가진 스커트로, 여성스러움과 우아함을 강조하는 스타일로 플로럴 패턴이나 플리츠 디자인 등 다양한 스타일이 있다.

㉣ 펜슬 스커트(Pencil Skirt) : 일자로 떨어지는 형태의 스커트로, 허리에서 힙과 허벅지를 따라 자연스럽게 내려오는 디자인이다. 직장에서의 정장 스타일이나 포멀한 모임에 적합한 아이템이다.

㉤ 스케이터 스커트(Skater Skirt) : 허리에서 플레어 되는 A라인 형태로 떨어지는 스커트로다. 편안하면서도 여성스러운 분위기를 연출할 수 있으며, 다양한 길이와 패턴이 있다.

㉥ 플리츠 스커트(Pleated Skirt) : 주름이 잡힌 디자인으로 주로 중간 길이나 롱 스커트 형태로 다양한 소재와 색상으로 고급스러운 룩을 연출할 수 있다.

㉦ 맥시 스커트(Maxi Skirt) : 발목까지 내려오는 긴 길이의 스커트로, 여름에는 가볍고 시원하게 겨울에는 두툼하고 따뜻한 소재로 여성스러운 분위기와 우아함을 연출할 수 있다.

② 스커트의 명칭

㉠ 스트레이트 스커트(Straight Skirt) : 허리에서 힙까지 일자로 떨어지는 형태이며 몸의 라인을 따라 자연스럽게 내려와 클래식하고 심플한 룩을 연출할 수 있다.

㉡ A-라인 스커트(A-Line Skirt) : A자 형태의 실루엣으로 허리에서 힙까지는 타이트하게 잡혀 있고 허리에서부터 점점 플레어 되는 형태이다. 허리를 잡아주고 힙과 허벅지 부분을 자연스럽게 커버해주어 여성스럽고 우아한 분위기를 연출할 수 있다.

㉢ 개더드 스커트(Gathered Skirt) : 허리 부분이나 힙 부분에 주름을 잡아 볼륨을 만들어주는 디자인으로 주로 허리에 밴딩이나 끈이 있어 조절이 가능하며, 여성스러운 분위기를 연출할 수 있다.

㉣ 밸(Bell) 스커트: 허리에서부터 힙까지 타이트하게 잡혀있고 허벅지에서부터 플레어 되는 벨 모양의 실루엣을 가진 스커트이다. 허벅지와 종아리 부분을 자연스럽게 커버해주면서 우아한 분위기를 연출할 수 있다.

㉤ 벌룬 스커트(Balloon Skirt) : 허리와 끝단에 주름을 잡아 하단의 가운데 부분이 부풀어 오르는 실루엣으로 독특하고 여성스러운 분위기를 연출할 수 있다.

㉥ 버블 스커트(Bubble Skirt) : 벌룬스커트보다 허리부분이 풍성하며 허벅지에서부터 수축된 형태로 하단이 부풀어 오르는 스커트이다. 부풀어진 실루엣이 특징이며, 재미있고 유니크한 룩을 연출할 수 있다.

㉦ 플레어드 스커트(Flared Skirt) : 스커트의 하단이 넓게 펼쳐져 있어 플레어드(벌어진) 나팔꽃 모양을 가지며, 우아하고 여성스러운 분위기를 연출할 수 있다.

㉧ 서큘러 스커트(Circular Skirt) : 원형으로 자연스럽게 플레어되는 스커트로 허리에서부터 하단까지 일정한 폭으로 플레어 되며 우아하고 여성스러운 분위기를 연출할 수 있다.

㉨ 고어드 스커트(Gored Skirt) : 여러 개의 패널이 절개선으로 연결되어 있는 스커트이며 허리에서부터 힙까지는 타이트하게 잡혀 있고, 허벅지에서부터 플레어되는 실루엣을 가지며, 우아하고 풍성한 분위기를 연출할 수 있다.

㉩ 티어드 스커트(Tiered Skirt) : 여러 개의 층으로 이루어진 스커트이며 각각의 층이 점점 넓어지면서 플레어 되는 형태로, 층마다 다른 패턴이나 소재를 사용하여 다양한 스타일을 표현할 수 있다.

㉠ 랩 스커트(Wrap Skirt) : 앞부분이 겹쳐지는 디자인으로 허리에 매듭 또는 버클로 고정되는 스커트이다. 허리 부분에서 조절이 가능하며, 여러 가지 스타일로 매치할 수 있다.

㉡ 드레이프 스커트(Drape Skirt) : 부드럽고 유연한 소재로 제작된 스커트로 부피감과 움직임이 있다. 주름이 잡히거나 풀어지는 등 다양한 드레이핑 기법을 사용하여 유니크한 실루엣을 연출할 수 있다.

(6) 팬츠(Pants)

① 팬츠의 종류

㉠ 스트레이트 팬츠(Straight Pants) : 허리에서부터 발목까지 일자로 떨어지는 팬츠로, 다리를 감싸주는 실루엣을 가지고 있다. 편안하면서도 클래식한 스타일로 연출한다.

㉡ 카프리 팬츠(Capri Pants) : 종아리 중간 정도까지의 길이로 잘린 7, 8부 팬츠로 여름철이나 따뜻한 날씨에 많이 착용한다. 발목 위로 살짝 절단되어 시원한 느낌을 주며 여성스럽고 경쾌한 룩을 연출할 수 있다.

㉢ 진 팬츠(Denim Jeans) : 데님 원단으로 만들어진 팬츠로 일자 또는 스키니 실루엣으로 다양한 상의와 매치하여 캐주얼한 룩을 완성할 수 있다.

② 팬츠의 명칭

㉠ 스트레치 팬츠(Stretch Pants) : 신축성이 있는 소재로 제작된 팬츠로 몸에 밀착되며 편안한 착용감과 자유로운 움직임을 제공한다.

㉡ 테이퍼드 팬츠(Tapered Pants) : 허리와 힙부분은 타이트하게 잡혀 있고, 발목 쪽으로 좁아지는 실루엣으로 다리의 형태를 감싸주면서도 스타일리시한 분위기를 연출할 수 있다.

ⓒ 배기 팬츠(Flared Pants) : 허리와 허벅지에서부터 플레어되는 넓은 다리 모양의 팬츠이다. 플레어 부분이 발목까지 이어지며 우아하고 여성스러운 룩을 연출할 수 있다.

ⓓ 팔라초 팬츠(Palazzo Pants) : 허리에서부터 허벅지까지는 타이트하게 잡혀 있고, 허벅지에서부터 하단으로 플레어되는 팬츠로, 넓은 다리 모양을 가지고 있다. 편안한 착용감과 우아한 분위기를 연출할 수 있다.

ⓔ 빕 빕 탑(Bib-Bib-Top) : 가슴부분에 요크를 대고 멜빵이 달려있는 것이 특징으로 오버롤즈(Overalls), 서스펜더(Suspenders), 페인터스(Painter's)라고도 부른다.

ⓕ 할렘 팬츠(Harem Pants) : 허리에서부터 힙과 허벅지까지는 넉넉하게, 허벅지 아래로는 점차 좁아지는 넓은 다리 모양의 팬츠이다. 보헤미안 스타일이나 동양적인 요소를 반영한 패션 아이템으로, 편안한 착용감과 독특한 분위기를 연출할 수 있다.

ⓖ 진즈(Jogger Pants) : 스포츠웨어와 캐주얼한 룩에 어울리며, 허리와 발목 부분이 밴딩 처리되어 편안한 착용감을 제공한다. 보통 테이퍼드 또는 스트레이트 실루엣으로 제공되며, 운동이나 일상적인 활동에 적합하다.

(7) 원피스, 드레스(Dress)

① 원피스의 종류

슬리브리스 원피스

㉠ 슬리브리스 원피스(Sleeveless Dress) : 소매가 없는 디자인의 원피스로 얇은 끈이나 네크라인을 따라 양어깨를 노출시키거나, 네크라인을 둘러싼 패브릭으로 통째로 커버되는 스타일이다. 여름철이나 따뜻한 날씨에 시원하고 경쾌한 룩을 연출할 수 있는 아이템이다.

㉡ 셔츠 원피스(Shirt Dress) : 셔츠 디자인을 기반으로 한 원피스로 셔츠의 디테일을 가지며, 보통 앞면의 단추로 여닫을 수 있다. 허리에서부터 힙 또는 무릎까지 길게 떨어지는 실루엣을 가지고 있으며, 편안하면서도 세련된 스타일을 연출할 수 있다.

㉢ 슈미즈 원피스(Chemise Dress) : 가볍고 루즈한 실루엣을 가진 여성용 원피스로. 주로 몸을 감싸는 재질이 아닌 여유로운 실루엣과 편안한 착용감을 제공하는 디자인이다. 보통 슬립 드레스나 나이트가운으로 알려져 있지만, 패션 아이템으로도 사용되며 여름철에 시원하고 편안한 룩을 연출하는 데 인기가 있다.

② 원피스의 명칭

㉠ 슈미즈(Chemise) : 여성용 루즈한 핏의 원피스나 잠옷을 의미하는 용어로 주로 얇고 부드러운 소재로 제작되며, 몸을 감싸지 않고 자유로운 실루엣을 가지고 있다. 보통 민소매나 얇은 스트랩 디자인이며, 여름철에 시원하고 편안한 룩을 연출하기 위해 많이 선택되며 잠옷이나 란제리로도 사용되지만, 패션 아이템으로도 활용된다.

㉡ A-라인(A-Line) : 상체에서부터 점차 퍼지는 A자형 실루엣을 가지고 있는 원피스이다. 허리를 강조하지 않고 체형을 가려주는 특징이 있으며, 힙과 허벅지 부분을 자연스럽게 커버하여 여성스러운 분위기를 연출할 수 있다.

㉢ 트라페즈(Trapeze) : 프랑스어로 사다리꼴이란 뜻으로 상체는 타이트하게 디자인되어 있고, 하체는 넉넉하게 퍼져있는 형태이다. 어깨부터 힙까지 편안하고 자유로운 실루엣을 제공하며, 여성스러움과 편안함을 동시에 연출할 수 있다.

㉣ 엠파이어(Empire) : 허리 아래로부터 풍성한 스커트가 시작되는 디자인으로 허리선이 높게 위치하여 가슴과 허리를 강조하고 하체를 커버하는 특징이 있다. 엠파이어 원피스는 여성스럽고 우아한 분위기를 연출할 수 있다.

㉤ 점퍼(Jumper) : 상의와 하의가 하나로 이어진 옷으로, 보통 스트랩이나 끈으로 어깨를 감싸는 디자인이다. 점퍼 원피스는 다양한 스타일로 제공되며, 청자켓이나 스웨터와 조합하여 다양한 룩을 연출할 수 있다.

㉥ 드레이프트(Draped) : 부드럽게 흐르는 소재를 사용하여 우아하고 여성스러운 실루엣을 연출하는 원피스이다. 소재의 구김과 접힘을 활용하여 독특한 디자인을 구성하며, 몸에 맞게 흐르는 실루엣을 가지고 있다.

ⓢ 랩(Wrap) : 앞쪽이 겹쳐지는 디자인으로, 보통 허리에 위치한 끈으로 고정하는 스타일로 허리를 강조하여 여성스러운 실루엣을 연출한다.

(8) 구두(Shoes)

여성의 구두는 스타일, 디자인, 높이, 소재 등에 따라 다양한 분류로 나눌 수 있다.

① **펌프스**(Pumps) : 여성들 사이에서 가장 일반적이고 인기 있는 구두 스타일 중 하나이다. 고무로 된 굽과 평평한 앞쪽으로 구성되어 있으며, 펌프스는 다양한 높이와 디자인이 있다.

② **플랫 슈즈**(Flat Shoes) : 플랫 슈즈는 굽이 없거나 매우 낮은 구두로, 편안하게 착용할 수 있는 스타일이다. 벨리 플랫, 로퍼, 슬립온 등 다양한 플랫 슈즈가 있다.

③ **샌들**(Sandals) : 여름철이나 따뜻한 날씨에 많이 착용되는 오픈 토 슈즈이다. 다양한 스타일의 샌들이 있으며, 스트랩, 끈, 버클 등의 디테일로 장식될 수 있다.

④ **부츠**(Boots) : 겨울철이나 추운 날씨에 많이 착용되는 구두로, 다양한 스타일과 높이가 있다. 앵클 부츠, 미들 카프 부츠, 무릎 높이의 오버 니 부츠 등이 있다.

⑤ **스니커즈**(Sneakers) : 운동화로서 편안한 착용감과 스포티한 스타일로 운동하기 위한 운동화뿐만 아니라, 캐주얼한 스타일링에도 널리 사용된다.

⑥ **힐**(High Heels) : 여성들 사이에서 성공적인 품격과 우아함을 상징하는 구두로, 다양한 높이와 스타일로 있다. 스틸레토, 웨지, 블록 힐 등 다양한 힐 스타일이 있다.

⑦ **뮬**(Mules) : 뒤꿈치가 노출된 슬리퍼 형태의 구두로, 끈이나 스트랩 없이 디자인되어 발에 편안한 착용감을 준다. 플랫 뮬부터 힐 높이의 뮬까지 계절과 스타일에 맞게 선택할 수 있다.

2) 남성의 패션 아이템

(1) 슈트(Suit)

남성 슈트는 일반적으로 재킷이나 코트, 베스트, 바지의 세 가지 아이템이 동일 소재로 구성된 한 벌의 신사복으로 빅토리아 시대 상류계급이 라운지 룸에서 담소하는 동안 편하게 입었던 옷에서 유래하였다. 남성 슈트는 현대적인 남성 의상의 핵심 요소로 주로 얇고 단단한 울 혼방 원단으로 제작되며 비즈니스, 정장, 격식 있는 자리 등에서 착용된다.

① 슈트의 특징

슈트

㉠ 격식과 전문성 : 남성 슈트는 격식을 갖추고 전문성을 나타내는 의상으로 알려져 있다. 슈트는 비즈니스 환경이나 격식 있는 자리에서 사용되며, 착용자에게 신뢰와 신뢰성을 부여하는 역할을 한다.

㉡ 조화와 균형 : 슈트는 재킷과 바지의 조화로 구성되어 있다. 이 두 요소는 색상, 패턴, 재질 등에서 조화롭게 어우러져야 하며 이를 통해 슈트는 착용자의 체형을 감싸며 균형과 조화로운 시각적인 인상을 준다.

㉢ 맞춤 제작 : 슈트는 개인의 체형에 맞춰 맞춤 제작되어야 한다. 잘 맞는 슈트는 착용자의 신체를 감싸며 자연스럽고 편안한 착용감을 제공하고 맞춤 제작된 슈트는 착용자의 외모를 개선하고 자신감을 높여준다.

㉣ 다양한 스타일 : 슈트는 다양한 스타일과 디자인으로 제공된다. 일반적으로는 클래식 슈트, 슬림핏 슈트, 드레스 슈트 등이 있으며, 각각의 스타일은 특정한 시대적 맥락이나 취향을 반영한다.

㉤ 색상과 패턴 : 슈트는 주로 검정색, 어두운 파란색, 회색 등의 중립적인 색상이 사용되며 현대적인 스타일에서는 더 다양한 색상과 스트라이프, 체크무늬, 체스무늬 등 다양한 패턴이 슈트에 사용될 수 있다.

㉥ 악세사리와 조화 : 슈트는 일반적으로 셔츠, 넥타이, 신발, 벨트 등의 악세사리와 함께 착용된다. 이 악세사리 들은 슈트와 조화롭게 전체적인 스타일을 완성시킨다.

이러한 특징들은 남성 슈트를 특별하고 인기 있는 의상으로 만들어주며, 다양한 자리와 상황에서 멋진 외모와 자신감을 부여한다.

② 슈트의 스타일

㉠ 아메리칸 스타일 슈트(American Style Suit) : 일반적으로 더 넓은 어깨와 허리, 바지로 기능성과 실용성을 갖춘 스타일로 미국의 존 F. 케네디 대통령이 즐겨 입었다. 전체 외곽 실루엣이 허리선 없이 넉넉한 박스형으로 수트 재질은 더 튼튼하고 힘 있는 편이다. 활동에 편하도록 한 개의 뒤트임이 있으며 앞여밈의 단추는 3~4개가 달려있다.

㉡ 유럽 스타일 슈트(European Style Suit) : 보다 타이트한 핏과 슬림한 실루엣을 갖춘 스타일이다. 어깨와 허리를 따라 몸에 꼭 맞게 제작되며, 바지 다리 역시 더 좁은 편이다. 실루엣은 어깨가 각지고 가슴에서 엉덩이까지 피트 되면서 신체선이 잘 표현되며 2개의 앞여밈 단추와 뒤트임이 없으며 현대적이고 세련된 느낌을 줍니다.

㉢ 브리티시 스타일 슈트(British Style Suit) : 현대 기성복의 기본형으로 보다 구조적이고 격식 있는 스타일로 알려져 있다. 더 넓은 어깨, 낮은 단추 위치, 더 긴 재킷 길이 등의 특징이 있으며 스트라이프나 체크무늬 같은 패턴도 브리티시 스타일 슈트에서 흔히 볼 수 있다. 정통 신사복의 대명사로 불리우는 영국의 고급 양복점가의 거리이름을 따서 새빌로우 스타일이라고도 한다.

㉣ 이탈리안 스타일 슈트(Italian Style Suit) : 미국의 넉넉함과 유럽의 곡선미, 새빌로우의 균형미를 조화시켜 창조해낸 가장 최근의 스타일이다. 어깨가 조금 더 넓고 허리에 여유가 있으며 아래 끝단이 부드러운 곡선으로 연결되어 입었을 때 편안함은 물론 매우 세련된 감각을 보여 스타일리시한 느낌을 줍니다.

㉤ 세퍼레이트 슈트(Separate suit) : 슈트를 구성하는 재킷과 바지를 개별적으로 선택하여 조합하는 슈트 스타일을 말한다. 일반적으로 세퍼레이트 슈트는 비즈니스 캐주얼이나 자유로운 스타일을 선호하는 경우에 많이 사용되며 상의와 하의의 소재나 색상이 다른 세퍼레이트 수트 착용이 늘어나고 있다.

(2) 재킷(Jacket)

① 슈트 재킷의 종류

㉠ 싱글 브레스티드 투버튼 재킷(Single Breasted Two-Button Jacket) : 앞면에 단추 두 개로 구성되어 있으며, 일반적으로 싱글 브레스티드 디자인으로 알려져 있다. 단추 두 개 중 하나만 닫는 스타일로, 가장 일반적으로 볼 수 있는 재킷 스타일 중 하나이다.

㉡ 더블 블레스티드 재킷(Double Breasted Jacket) : 앞면에 두 줄의 단추로 구성되어 있다. 더블 브레스티드 디자인은 보다 격식 있고 고전적인 느낌을 주는 스타일로 단추를 모두 닫아 입는 스타일로, 특히 겨울철이나 특별한 자리에서 사용된다.

㉢ 쓰리피스 재킷(Three-Piece Jacket) : 재킷, 조끼, 바지 세 개의 조합으로 구성된 슈트이다. 재킷과 바지는 일반적인 슈트와 유사한 스타일로 조끼는 같은 원단과 패턴으로 제작된다. 쓰리피스 재킷은 보다 형식적이고 정장 느낌을 주는 스타일이다.

② 재킷의 종류

㉠ 블레이저(Blazer) : 비즈니스 캐주얼 스타일을 대표하는 재킷으로 단추 한 줄로 구성되어 있으며, 일반적으로 다크 컬러를 사용한다. 트리밍이 있는 경우도 있으며, 어깨 패드와 라펠 디테일이 특징이다.

㉡ 스포츠 재킷(Sports Jacket) : 캐주얼한 스타일을 대표하는 재킷으로 다양한 색상과 패턴을 가지며, 트위드, 플리스, 코듀로이, 캐시미어 등 다양한 소재로 제작된다. 주로 야외 활동이나 캐주얼한 모임에 적합하다.

㉢ 가죽 재킷 (Leather Jacket) : 멋과 스타일을 강조하는 아이템으로 라이더 재킷, 봄버 재킷, 모터사이클 재킷 등이 대표적이다. 주로 캐주얼한 스타일에 잘 어울리며, 가죽의 특성으로 보온성과 내구성을 가지고 있다.

가죽 재킷

ⓔ 트렌치 코트(Trench Coat) : 비오는 날씨에서 사용되는 스타일리시한 재킷으로 허리 라인에 벨트가 있고 큰 칼라와 커다란 포켓이 특징이다. 겨울철에는 안감을 추가하여 보온성을 높일 수도 있다.

ⓜ 캐쥬얼 재킷(Casual Jacket) : 캐주얼한 룩을 완성하는 재킷으로, 다양한 스타일과 디자인이 있다. 데님 재킷, 볼링 재킷, 필드 재킷, 셔츠 재킷 등이 이에 속한다. 다양한 소재와 디테일로 다양한 캐주얼 스타일을 연출할 수 있다.

(3) 슈트 팬츠(Suit Pants)

① **일반 슈트 팬츠**(Flat Front Dress Pants) : 평평한 앞면 디자인을 가지고 있으며, 허리에서 바지 밑으로 자연스럽게 떨어지는 스타일이다. 전통적으로 두 개의 후면 포켓과 프레스 라인이 있는 디자인이 특징이다.

② **플리츠 슈트 팬츠**(Pleated Dress Pants) : 허리 앞쪽에 주름이 있는 디자인으로 플리츠는 추가적인 허리 공간과 허벅지 영역의 여유를 제공하여 편안한 착용감을 제공한다.

③ **슬림핏 슈트 팬츠**(Slim Fit Dress Pants) : 허벅지에서 발목까지 좁게 타이트하게 착용되는 스타일로 현대적이고 모던한 룩을 연출하며, 청년층을 중심으로 인기가 있다.

④ **테이퍼드 슈트 팬츠**(Tapered Dress Pants) : 테이퍼드 슈트 팬츠는 허벅지에서 발목 쪽으로 점점 좁아지는 실루엣으로 스타일과 편안함을 동시에 준다.

⑤ **롤업 팬츠**(Roll-up Pants) : 팬츠의 밑단을 아래로 접어 올려 노출시키는 스타일로 캐주얼하고 경쾌한 분위기를 연출하기 위해 종종 사용된다. 주로 청바지, 치노 팬츠, 슬랙스 등에 사용되는데 키가 작은 체형은 피하는 것이 좋다.

⑥ **캐주얼 슈트 팬츠**(Casual Dress Pants) : 보다 캐주얼한 느낌의 팬츠로 색상이나 패턴이 다양하며 비즈니스 환경보다는 더욱 자유로운 자리나 일상적인 모임에 적합하다.

(4) 베스트(Vest)

클래식 베스트

① **클래식 베스트** : 정장이나 비즈니스 캐주얼 룩에 잘 어울린다. 검은색 또는 어두운 회색의 울 혼방 소재가 일반적이며, 싱글 브레스트나 더블 브레스트 스타일을 선택할 수 있다.

② **캐주얼 베스트** : 캐주얼한 스타일로 캔버스나 나일론과 같은 내구성 있는 소재로 만들어진 스포츠나 아웃도어 스타일의 베스트가 있으며 다양한 색상과 패턴으로 셔츠나 티셔츠 위에 레이어링하여 스타일을 완성할 수 있다.

③ **서머 베스트 :** 여름철에 시원하고 경쾌한 룩을 완성하고자 한다면, 서머 베스트가 적합하다. 가벼운 소재로 만들어진 베스트나 리넨 소재의 베스트는 편안하면서도 스타일리시한 분위기를 연출할 수 있다.

④ **헤리티지 베스트 :** 전통적인 요소를 현대적으로 재해석한 스타일로 헤리티지 베스트는 체크무늬나 트위드와 같은 전통적인 패턴과 소재로 제작되어 클래식한 분위기를 연출한다. 캐주얼한 코튼 셔츠나 니트웨어와 함께 매치하면 좋다.

⑤ **데님 베스트 :** 데님은 다양한 스타일의 베스트에 잘 어울리는 소재로 블루 데님, 블랙 데님 또는 디스트레스드(닳아빠진) 데님 등 다양한 스타일의 데님 베스트가 있다. 캐주얼한 룩에 잘 어울리며, 티셔츠나 체크 셔츠와 함께 코디하면 멋진 스타일을 완성할 수 있다.

(5) 셔츠와 넥타이

① 셔츠의 종류

드레스 셔츠

㉠ 드레스 셔츠(Dress Shirts) : 비즈니스, 형식적인 자리 또는 특별한 행사에서 착용되는 셔츠로 흰색이나 연한 파스텔 톤의 색상이 일반적이지만, 다양한 색상과 패턴이 있습니다. 평소와 다르게 높은 품질의 소재, 보다 깔끔한 디자인, 특별한 디테일이 포함될 수 있다.

㉡ 캐주얼 셔츠(Casual Shirts) : 일상적인 상황이나 비교적 더 편안한 자리에서 착용하기 좋은 셔츠이다. 여러 가지 디자인과 소재로 제공되며, 카라 스타일, 단추 스타일, 체크무늬, 줄무늬 등 다양한 패턴이 포함될 수 있다.

㉢ 폴로 셔츠(Polo Shirts) : 스포츠 셔츠로 알려져 있으며, 일상적인 캐주얼 룩에 잘 어울린다. 피케(Pique) 원단으로 만들어진 폴로 셔츠는 일반적으로 포인트 칼라와 단추로 이루어져 있다.

㉣ 플란넬 셔츠(Flannel Shirts) : 부드럽고 보온성이 좋은 플란넬 소재로 만들어진 셔츠이다. 겨울철에 많이 착용되며, 격식 있는 자리보다는 캐주얼한 분위기에 잘 어울린다.

㉤ 체크 셔츠(Checkered Shirts) : 격식 있는 자리보다는 캐주얼한 모습을 연출하기 좋은 셔츠이다. 작은 격자무늬나 큰 체크무늬 패턴으로 디자인되어 있으며, 다양한 색상을 포함하고 있다.

㉥ 데님 셔츠(Denim Shirts) : 데님 소재로 만들어진 셔츠로, 캐주얼하면서도 멋스러운 룩을 연출할 수 있다. 다양한 스타일과 색상의 데님 셔츠를 찾아볼 수 있다.

② 넥타이 종류(Neck-Tie)

㉠ 클래식 넥타이(Classic Necktie) : 가장 일반적으로 볼 수 있는 넥타이로 폭이 일정하게 좁아지는 형태이다. 대부분의 비즈니스와 형식적인 자리에서 많이 사용되며, 다양한 색상과 패턴으로 제공된다.

㉡ 보우 타이(Bow Tie) : 넥타이 끝을 묶어 만든 형태로 특히 격식 있는 자리나 특별한 행사에서 많이 사용되며, 흰색, 검은색, 체크무늬 등 다양한 스타일이 있다.

㉢ 크로스 타이(Cross Tie) : 넥에 교차하는 형태로 매여지는 넥타이로 주로 체육대회나 스포츠 이벤트와 같은 비형식적인 자리에서 많이 사용된다.

㉣ 트러플 넥타이(Truffle Necktie) : 일반적인 넥타이와 비슷한 형태를 가지고 있지만, 끝 부분이 조금 더 폭이 넓은 디자인이다. 일상적인 자리나 캐주얼한 룩에 잘 어울리며, 보다 편안한 느낌을 준다.

㉤ 스키니 넥타이(Skinny Necktie) : 폭이 좁은 스키니 넥타이는 최근에 인기를 얻고 있는 스타일이다. 현대적이고 세련된 룩을 연출할 수 있으며 청년들이 많이 착용한다.

㉥ 크라바트 넥타이(Cravat Necktie) : 전통적인 유럽 스타일의 넥타이로 폭이 넓고 부드러운 소재로 만들어진 형태이다. 특히 격식 있는 자리나 영국 스타일의 결혼식에서 많이 사용한다.

③ 남성 셔츠와 넥타이 스타일링

남성 셔츠와 넥타이를 함께 스타일링할 때는 셔츠와 넥타이의 색상, 패턴, 텍스처, 그리고 넥타이의 매듭 등을 고려해야 합니다. 아래는 몇 가지 일반적인 스타일링 팁이다.

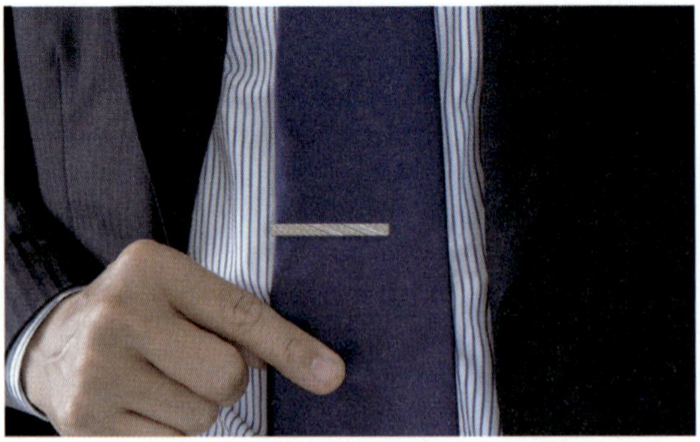

패턴이 있는 셔츠와 단색 넥타이 조합

㉠ 색상 조합 : 셔츠와 넥타이의 색상은 조화롭게 맞춰야 한다. 대비를 이루는 색상을 선택하여 세련된 룩을 연출할 수 있다. 예를 들어, 파란색 셔츠와 빨간색 넥타이, 또는 하얀색 셔츠와 네이비 또는 분홍색 넥타이는 보통 잘 어울린다.

㉡ 패턴 조화 : 만약 셔츠나 넥타이 중 하나가 패턴이 있는 경우, 다른 하나는 단색으로 선택하는 것이 좋다. 예를 들어, 줄무늬 패턴이 있는 넥타이와 단색 셔츠를 조합하거나, 체크무늬 패턴이 있는 셔츠와 단색 넥타이를 조합할 수 있다. 패턴이 많이 들어간 조합은 시각적으로 너무 복잡해 보일 수 있으므로 조심해야 한다.

㉢ 텍스처 대비 : 셔츠와 넥타이의 텍스처를 고려하여 대비를 만들 수 있다. 예를 들어, 광택이 있는 실크 넥타이를 텍스처가 부드러운 면 소재의 셔츠와 조합하면 흥미로운 대비를 만들 수 있다.

ⓡ 매듭 선택 : 넥타이의 매듭은 전체적인 룩에 영향을 줄 수 있는 중요한 요소이다. 평소에는 윈저 매듭(Windsor knot)이나 넥타이의 폭보다 작은 반-윈저 매듭(half-Windsor knot)을 사용하고 큰 넥타이 매듭은 격식 있는 자리나 특별한 행사에 어울리며, 작은 넥타이 매듭은 일상적인 상황에서도 잘 어울린다.

하프 윈저 매듭(half-Windsor knot)

(6) 구두(Shoes)

① 구두의 종류

㉠ 드레스 슈즈 : 정장이나 격식 있는 자리에 착용하기 위해 디자인된 슈즈로, 옥스포드(Oxfords), 더블 몽크 스트랩(Double Monk Strap), 로퍼(Loafers) 등이 있다.

㉡ 캐주얼 슈즈 : 비교적 비공식적인 자리나 일상적인 착용에 적합한 슈즈로, 로우탑 스니커즈(Low-top Sneakers), 부츠(Boots), 데저트 부츠(Desert Boots), 뮬(Mules) 등이 포함된다.

ⓒ 운동화 : 운동이나 스포츠 활동에 사용되는 슈즈로, 러닝화(Running Shoes), 테니스화(Tennis Shoes), 농구화(Basketball Shoes) 등이 있다.

ⓓ 샌들 : 여름철이나 해변 등에서 편안하게 착용할 수 있는 개방형 슈즈로, 슬라이드 샌들(Slide Sandals), 비치 샌들(Beach Sandals) 등이 있다.

ⓔ 부츠 : 겨울철이나 야외 활동에 사용되는 보온성이 높은 슈즈로, 워크 부츠(Work Boots), 첼시 부츠(Chelsea Boots), 스노우 부츠(Snow Boots) 등이 있다.

ⓕ 슬리퍼 : 실내에서 사용되거나 편안한 휴식을 위해 착용하는 슈즈로, 로퍼 슬리퍼(Loafer Slippers), 모카신 슬리퍼(Moccasin Slippers) 등이 있다.

② 구두 스타일링

ⓐ 정장과 드레스 구두 : 정장을 입을 때는 옥스포드(Oxfords)나 더블 몽크 슈즈(Double Monk Strap)와 같은 클래식한 스타일의 구두를 선택하는 것이 좋다. 색상은 일반적으로 블랙이나 다크 브라운이 많이 사용되고 구두와 정장의 색상은 조화롭게 맞추는 것이 중요하다.

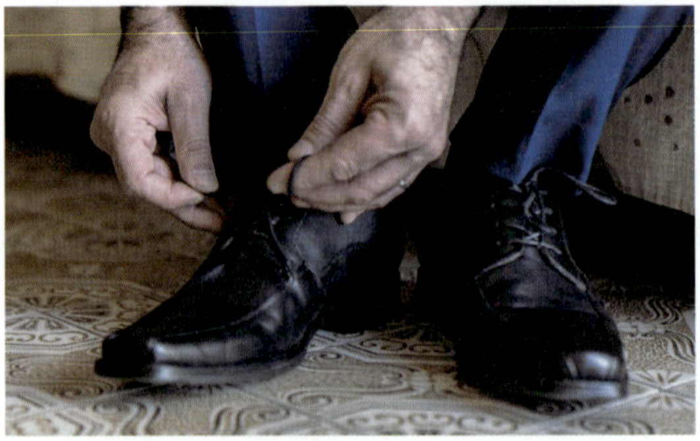

드레스 구두

ⓛ 캐주얼 슈즈 : 캐주얼한 자리나 일상적인 모임에는 로우탑 스니커즈(Low-top Sneakers)나 부츠(Boots)와 같은 슈즈를 선택할 수 있다. 청바지나 카고 팬츠와 함께 잘 어울리며, 색상과 스타일을 개성에 맞게 선택할 수 있다.

ⓒ 스포츠 슈즈 : 운동이나 스포츠 활동을 할 때는 운동화를 선택한다. 러닝화(Running Shoes)나 테니스화(Tennis Shoes)는 운동 기능과 스타일을 모두 고려하고 운동복에 맞는 색상과 디자인을 고려하여 선택한다.

ⓔ 부츠 스타일링 : 겨울철이나 야외 활동에는 부츠를 스타일링할 수 있다. 워크 부츠(Work Boots)나 첼시 부츠(Chelsea Boots)는 청바지나 카고 팬츠와 잘 어울리며, 캐주얼한 스타일링에 잘 어울린다.

ⓜ 액세서리와 조화 : 구두를 스타일링할 때는 다른 액세서리와의 조화도 고려해야 한다. 벨트, 양말, 시계, 넥타이 등의 액세서리와 구두의 색상, 디자인이 조화를 이루도록 주의한다.

3) T.P.O 스타일링

T.P.O. 스타일링은 'Time, Place, Occasion'의 약자로, 시간, 장소 및 상황에 맞는 스타일을 선택하는 것을 의미한다. T.P.O. 스타일링은 특정 이벤트나 모임에 참석할 때 적절한 옷차림을 선택하는 데 도움이 된다.

▶ 시간(Time)

행사나 모임이 발생하는 시간대를 고려하여 옷차림을 선택한다. 낮에는 더 경쾌하고 밝은 색상과 소재를 선택할 수 있지만, 저녁이나 야간 행사에는 더욱 격식 있고 포멀한 옷차림이 필요하다.

▶ 장소(Place)

행사나 모임이 열리는 장소에 맞는 스타일을 선택한다. 실내 행사인 경우에는 공식적인 드레스 코드나 세미-포멀한 의상을 고려하고 실외 행사인 경우에는 날씨 조건과 활동성을 고려하여 적합한 옷차림을 선택한다.

▶ 상황(Occasion)

행사의 성격과 목적을 고려하여 옷을 선택한다. 결혼식이나 비즈니스 모임과 같은 격식 있는 행사에는 슈트나 드레스와 같은 포멀한 옷차림을 선택하고 친구의 생일파티나 캐주얼한 약속과 같은 비격식적인 행사에는 좀 더 캐주얼한 스타일을 선택한다.

T.P.O. 스타일링은 개인의 개성과 취향을 반영하면서도 특정한 상황에 적합한 옷을 선택하는 것을 의미한다. 이를 위해 자신의 스타일과 목적에 맞는 의상을 선택하고, 해당 행사의 요구사항을 고려하여 최선의 옷차림을 만들어내는 것이 중요하다.

(1) 비즈니스

비즈니스 시에는 전문적이고 격식 있는 옷차림이 중요하다. 옷차림은 자신의 전문성과 신뢰도를 반영할 수 있는 요소이다. 회사의 정책이나 문화에 따라 약간의 차이가 있을 수 있으므로 조직 내 규정을 확인하는 것도 좋다.

기업인의 경우 한 회사의 대표로써 대내외적인 개인의 이미지가 회사의 이미지에 많은 영향을 미치므로 자신의 이미지를 정립시키는 것이 기업의 이미지를 향상시키는 것이며 옷차림은 리더의 '경영전략 열쇠' 라고 할 수 있다. 벤처기업이 활성화되고 젊은 CEO가 등장하면서 간편하고 활동적인 이미지 선호하고 있다.

비즈니스 슈트 스타일

① **슈트**(Suit) : 남성과 여성 모두에게 슈트는 비즈니스 환경에서 흔히 볼 수 있는 전통적인 선택이다. 슈트를 선택할 때에는 품질이 좋고 잘 맞는 것으로 남성의 경우 슈트를 착용할 때 적절한 넥타이와 신발을 선택하고 여성의 경우 슈트와 함께 적절한 블라우스나 셔츠, 힐 또는 포멀한 신발을 선택한다.

② **드레스**(Dress) : 여성은 슈트 외에도 포멀한 드레스를 선택할 수 있다. 드레스를 선택할 때에는 자연스럽게 움직일 수 있는 디자인과 적절한 길이를 고려한다. 비즈니스 환경에서는 과도한 노출을 피하고 보수적인 스타일을 유지하는 것이 좋다.

③ **색상**(Color) : 비즈니스 스타일링에서는 중립적이고 전통적인 색상을 선호하는 경향이 있다. 회색, 검정, 네이비와 같은 어두운 색상이나 화이트와 같은 밝은 색상은 신뢰와 전문성을 나타내는데 도움이 된다. 색상 조합을 할 때에는 조화롭고 균형 있게 선택한다.

④ **액세서리** (Accessories) : 액세서리는 비즈니스 스타일링을 완성하는 중요한 요소로 남성은 넥타이, 시계, 커프스 등과 여성은 펄 또는 단정한 보석, 핸드백, 벨트 등을 고려한다. 액세서리를 선택할 때에는 과도하게 화려하지 않고 신중하게 조화롭게 조합하도록 한다.

(2) 결혼식

결혼식은 양가의 부모님, 친구, 동료, 지인들이 참가하는 특별한 날로서 옷차림에 신중함이 필요한 행사이다. 결혼식은 행사의 성격과 커플의 선호도에 따라 스타일링이 달라질 수 있으므로 중요한 것은 결혼식에 존중하고 축하하는 마음을 담은 적절한 옷차림을 선택하는 것이다.

결혼식 포멀 스타일

① **드레스 코드**(Dress Code) : 결혼식 초대장에 드레스 코드가 명시되어 있을 수 있다. 예를 들어, 검은색 슈트나 화이트 타이는 포멀한 결혼식에 적합한 드레스 코드이며 반면에 캐주얼한 결혼식이라면 좀 더 자유로운 스타일을 선택할 수 있다. 초대장에 표시된 드레스 코드를 확인하고 그에 맞는 옷을 선택한다.

② **옷의 색상**(Color of Attire) : 일반적으로 결혼식에는 흰색 드레스나 슈트를 피하는 것이 좋다. 흰색은 신부의 독점적인 색상이기 때문에 다른 참석자들과 겹치는 일이 없도록 밝은 색상이나 패턴이 있는 드레스나 슈트를 선택하여 기쁜 분위기를 만들어 본다.

③ **옷의 스타일**(Style of Attire) : 결혼식 스타일은 결혼식의 형태와 장소에 따라 달라질 수 있다. 포멀한 결혼식인 경우 슈트나 포멀한 드레스를 선택하고 실외나 캐주얼한 결혼식이라면 좀 더 캐주얼하고 편안한 스타일의 드레스나 슈트를 선택할 수 있다. 다만, 너무 과하게 세련된 스타일을 피하는 것이 좋다. 신부와 신랑이 주목받아야 하는 날이기 때문에 그들의 스타일을 압도하지 않도록 주의한다.

④ **액세서리**(Accessories) : 결혼식 스타일링에는 액세서리가 중요한 역할을 한다. 여성은 보석, 클러치 백, 헤어 액세서리 등과 남성은 넥타이, 커프스, 시계 등으로 전체적인 스타일과 조화를 이루는 것에 주의한다.

(3) 모임

모임 스타일링은 특정 모임이나 소셜 이벤트에 참석할 때의 옷차림을 의미한다. 모임의 성격과 분위기에 적합한 옷을 선택하는 동시에 개인의 스타일과 취향을 반영하는 것이 중요하다. 편안하면서도 적절한 옷차림을 선택하여 모임에서 자신감 있게 참여해본다.

비즈니스 모임　　　캐주얼 모임

① **모임의 성격 파악 :** 모임의 성격과 목적을 파악하는 것이 중요하다. 모임이 비즈니스적인 회의인 경우에는 포멀한 드레스 코드가 좋고 친목적인 모임이나 친구들과의 모임인 경우에는 더 캐주얼한 스타일을 선택한다. 모임의 성격과 분위기를 고려하여 스타일링을 결정한다.

② **장소 및 활동 고려 :** 모임이 열리는 장소와 예정된 활동을 고려하여 옷차림을 선택한다. 실내 모임이라면 공식적인 스타일이나 캐주얼한 스타일로 실외 모임이라면 날씨와 활동성을 고려하여 적절한 옷차림을 선택한다. 예를 들어 야외 피크닉이나 스포츠 행사에는 편안하고 활동하기 편한 옷을 선택하는 것이 좋다.

③ **개인적인 스타일 반영 :** 모임 스타일링은 개인의 스타일과 취향을 반영하여 자신이 편안하고 자신감을 가질 수 있는 스타일을 선택한다. 동시에 모임의 톤과 분위기에 적합한 옷으로 개인적인 스타일과 모임의 요구사항을 조화롭게 조합해 본다.

④ **액세서리와 세부 사항 :** 옷에 액세서리와 세부 사항을 추가하여 스타일을 완성할 수 있다. 액세서리는 옷에 개성과 멋을 더해줄 수 있는 아이템으로 보석, 시계, 헤어 액세서리, 가방 등을 선택하여 스타일을 강조한다. 다만, 액세서리를 과도하게 사용하지 않고 조화롭게 조합하는 것이 좋다.

4) 체형별 패션 스타일링

(1) 이상적인 체형

이상적인 체형은 주관적인 개념으로 기본적인 인체구조는 시대에 상관없이 일정하지만 인체의 이상형은 시대적 상황에 따라 변화되었으며 과거와 현재, 동양과 서양의 미의 기준이 다르고 문화권마다 각기 다른 양상을 보인다. 중요한 점은 각각의 체형과 모습을 긍정적으로 받아들이고, 건강과 자신감을 추구하는 것으로 자신의 몸에 대한 긍정적인 태도와 적절한 건강관리가 이상적인 체형을 형성하는데 도움을 줄 수 있다.

① 균형잡힌 비례

이상적인 체형은 상체와 하체가 균형 있게 배분되어 있으며, 허리가 좁고 몸의 곡선이 부각되어야 한다. 어깨와 엉덩이의 비율이 적절하며, 허리가 잘 드러나는 실루엣이 이상적으로 여겨진다.

② 건강한 체중

이상적인 체형은 건강한 체중을 유지하는 것이 중요하다. 과도한 비만이나 과체중은 건강에 부정적인 영향을 미칠 수 있으므로, 적절한 체중 관리와 균형 잡힌 식단과 운동이 필요하다.

③ 자신감과 행복

이상적인 체형은 개인이 자신의 몸에 대해 자신감을 가지고 행복하게 느끼는 것으로 각자의 몸과 모습을 받아들이고 사랑하는 것이 중요하다. 외모보다는 내면의 건강과 행복이 더욱 중요한 요소이다.

(2) 체형별 코디네이션

모든 사람의 체형은 신체크기, 구조, 비례, 몸무게, 근육, 체중 분포, 자세에 따라 곡선이 있는 부위와 각도가 달라지므로 그 형태는 매우 다양하다. 여러 가지 체형을 크게 구분 지어 살펴보면 사과형(타원형), 서양배(삼각형), 모래시계, 직사각형, 역삼각형 체형이 있다.

각각의 체형에 따라 스타일링을 할 때 중요한 점은 장점을 부각시키고 원하는 부분을 가려내는 것이다. 또한 개인의 취향과 스타일을 고려하여 옷을 선택하고 자신감을 주는 스타일을 찾아본다.

① 사과 체형(Apple Shape)

상체가 상대적으로 크고 허리가 잘 드러나지 않는 체형으로 어깨나 가슴, 엉덩이, 허리가 모두 발달하고 특히 배가 많이 돌출한 체형이다. 비만 아동이나 중년에 많으며 대부분 비만 체형으로 상체에 살이 많고, 둥글둥글한 모습을 띈다.

사과형의 체형을 가진 사람 중에 팔다리가 가느다란 사람을 '거미형'이라도 한다.

긴 수직선 트리밍 아이템

㉠ 아이템 선택 : 장식이 많은 디자인은 피하고 보정 속옷 등을 이용하여 체형을 보완해 주며 몸에 피트되지 않는 디자인이라고 해도 너무 부드럽거나 부피감이 있는 소재, 광택, 밝은 색상, 큰 문양 등은 피한다. 적당히 힘이 있는 소재로 단색이나 앞부분에 긴 수직선의 트리밍, 세로로 흐르는 긴 목걸이 등을 이용하여 옆으로 퍼진 체형을 보다 길게 보일 수 있도록 연출한다. V넥 상의, 플레어 스커트, A라인 드레스, 자켓과 산뜻한 색상의 하의 등을 선택하여 상체와 하체의 균형을 맞출 수 있으며 허리 부분이 강조되지 않는 상의나 드레스를 선택하는 것이 좋다.

② 서양배 체형(Pear Shape)

하체가 상대적으로 크고 상체에 비해 어깨가 좁은 체형으로 한국 여성에게서 흔히 볼 수 있는 체형이다. 서양의 배는 한국의 배와 달리 아래 쪽으로 갈수록 크고 둥근 형태로 상체는 빈약하고 하체는 엉덩이와 허벅지 부분이 발달한 체형으로 상의 치수보다 하의 치수를 더 크게 착용한다.

㉠ 아이템 선택 : 상의는 어깨와 가슴 부분에 넉넉한 여유가 있는 것이나 상의에 큰 칼라, 가슴부위 포켓, 러플 등의 장식이 있는 것으로 소재는 광택이나 화려한 문양이 있는 것을 선택한다. 상의는 어깨를 강조하거나 디테일이 있는 것을 선택하여 상체의 비중을 늘릴 수 있다. 하의는 수축되어 보일 수 있는 다크 컬러의 하의, 세로방향의 절개선이 있는 디자인이나 A라인 스커트, 플레어 팬츠, 어깨 패드가 있는 자켓 등을 선택하여 상체와 하체의 균형을 맞출 수 있다.

③ 모래시계 체형(Hourglass Shape)

어깨와 엉덩이가 비슷한 넓이이고 허리가 좁게 들어간 체형으로 가장 이상적인 체형이다. 건강미와 관능미를 동시에 지닌 체형으로 허리선을 강조하는 코디네이션을 통해 평범하게 보일 수도 있고 육감적으로 표현할 수 있다.

㉠ 아이템 선택 : 허리를 강조하는 벨트나 잘록한 실루엣의 드레스, 원피스, 피트앤 플레어 스타일의 옷 등을 선택하여 실루엣을 강조할 수 있다. 몸의 곡선을 부각시키는 스타일의 옷이 잘 어울리는 체형이지만 허리선에 구분이 없는 의복은 가슴과 엉덩이의 볼륨만 강조되어 몸이 확대되어 보이거나 키가 작아 보일 수 있으므로 가는 허리의 장점을 강조할 수 있는 코디네이션으로 연출한다.

몸의 곡선을 강조하는 드레스

④ 직사각형 체형 (Rectangle Shape)

어깨, 허리, 엉덩이의 비율이 비슷하며 몸이 직사각형 모양인 체형이다. 어깨와 가슴, 허리, 엉덩이의 차가 크지 않은 체형으로 긴 튜브와 같이 아주 마른 사각형 체형과 체격이 건장한 큰 사각형 체형으로 구분한다. 아주 마른 직사각형 체형은 여리고 미성숙한 이미지로 보이고 건장한 큰 사각형의 체형은 건강미와 육중한 무게감이 있어 남성적인 이미지가 강하다.

허리를 강조하는 벨트 스타일

㉠ 아이템 선택 : 어깨와 엉덩이를 볼륨감 있게 보일 수 있는 퍼프와 프릴, 플리츠가 들어간 디자인이나 허리선을 하이웨스트나 로우웨스트로 연출한다. 특히 마른 사각형에서는 몸에 감기는 소재는 피하고 다소 뻣뻣한 소재에 밝은 색으로 코디네이션하고 큰 사각형의 체형은 밝은 색상과 장식이 많은 디자인, 보트 네크라인이나 스퀘어 네크라인은 피하고 V 나 U자형이 깊은 디자인이나 액세서리를 선택하여 연출한다. 원피스, 플레어 스커트, 허리를 강조하는 벨트, 레이어링 등을 활용하여 몸의 곡선을 만들어주는 스타일을 선택할 수 있다.

⑤ 역삼각형 체형 (Inverted triangle Shape)

역삼각형 체형은 어깨와 상체가 넓고 엉덩이와 하체가 좁은 형태를 가진 체형이다. 여성에게서는 흔치 않은 유형으로 남성들의 워너비 체형이다. 엉덩이보다 어깨가 잘 발달되어 있고, 어깨 경사도가 완만하며 넓어 상대적으로 엉덩이가 작아 보인다. 서양 여성에게 많은 체형이지만 최근 우리나라도 체형이 서구화되면서 많이 나타난다.

하체가 풍성하게 보이는 플레어 스커트

㉠ 아이템 선택 : 상의는 심플한 라인으로 선택하되 문양이 눈에 띄고 광택이나 볼륨감 있는 것은 피한다. 어깨를 덜 부각시키는 스타일로 광대한 어깨를 가려주는 디자인이나 소재, 스퀘어넥 또는 라운드넥 디자인을 선택하고 하의는 하체가 풍성해 보일 수 있는 플레어, 벌룬, 플리츠, 티어드, A라인 스커트, 와이드 레그 팬츠, 부츠컷 팬츠을 선택하여 볼륨감 있게 연출하거나 허리부분에 포인트 배색을 하여 시선을 끌 수 있도록 연출한다.

(3) 특정 부위별 코디네이션

① 키가 작은 형

작은 키는 무엇보다도 키가 커 보일 수 있는 코디네이션이 우선이다. 길어 보이는 효과를 위해 가로선 절개를 피하고 하이웨이스트의 심플한 원피스, 세로선의 트리밍, 줄무늬 문양이 있는 것을 선택한다.

상하의의 색상을 통일하거나 유사하게 코디네이션하고 너무 큰 액세서리나 가방 등은 상대적으로 몸을 작게 보이게 하므로 피한다. 옆으로 퍼지는 실루엣의 디자인, 큰 문양, 여러 가지 색상, 끝단 길이가 차이나는 레이어드룩은 피하는 것이 좋다.

하이웨스트 슬림핏 스타일

㉠ 아이템 선택 : 하이웨스트 아이템, 단색 또는 모노톤 코디, 슬림핏 스타일의 의상, 세로 줄무늬 패턴 활용, 작은 크기의 액세서리 선택

② 키가 큰 형

너무 몸에 붙는 스타일이나 부피감이 있는 실루엣을 피한다. 세로선을 이용하여 상의와 하의의 소재나 색상을 다르게 코디네이션하고 상의와 하의가 같은 색상일 경우 베스트나 벨트 등을 이용하여 길게 연결되는 선을 허리부분에서 시각적으로 한 번 분리한다.

체격이 큰 경우에 몸에 너무 피트되거나 슬림한 라인은 키를 한층 더 크게 보이게 하므로 피하는 것이 좋다.

색상으로 길이를 분리하는 경우라도 너무 큰 패턴이나 큰 장신구 또는 너무 작은 패턴이나 작은 장신구는 한층 더 몸을 거대해보이게 하므로 주의한다.

상하의 컬러가 다른 의상

㉠ 아이템 선택 : 프로포션 유지, 상하의의 컬러를 다르게 맞추기, 다양한 패턴과 디자인의 의상 선택, 장식이 있는 상의나 하의 활용, 긴 상의와 짧은 하의 조합

③ 목이 짧고 굵은 형

목선을 드러내거나 시선을 다른 곳으로 돌리게 하며 수직선 네크라인이나 오픈된 칼라 형태가 좋다. 액세서리는 챙이 없거나 좁은 모자, 작거나 중간 크기의 귀걸이, 길이가 길거나 펜던트형 목걸이, 스카프는 가슴정도에서 낮게 맨다.

헤어스타일은 깔끔하게 올리거나 짧은 커트 스타일이 좋으며 하이네크 칼라(터틀넥, 차이나 칼라, 하이 보우 칼라) 와 목이 얕게 파인 네크라인 상의(보우트 네크라인)는 피한다.

V넥 디자인 상의

㉠ 아이템 선택 : V넥 디자인의 상의 선택, 목을 가려주는 액세서리 활용, 적당한 길이의 목걸이 선택, 주목을 다른 곳으로 돌리는 스타일링 포인트 활용

④ 목이 길고 얇은 형

목을 알맞게 가리고 유연하게 피팅 되는 네크라인과 칼라가 좋으며 지나치게 피트된 네크라인이나 상의, U, V형의 노칼라 재킷이나 니트류 상의, 수직선을 강조하는 의상은 피한다.

액세서리는 챙이 넓거나 늘어진 모자, 중간 크기나 약간 큰 귀걸이, 장식성이 큰 볼륨있는 목걸이나 스카프 사용한다.

헤어스타일은 길이가 길거나 웨이브가 진 자연스러운 형태로 코디네이션한다.

목을 감싸는 하이넥

㉠ 아이템 선택 : 하이 넥 디자인의 상의, 목을 감싸는 스카프나 넥타이 활용, 목을 강조하는 액세서리 선택, 단색 또는 모노톤 코디로 균형 유지

⑤ 어깨가 넓은 형

넓은 어깨가 좁아보이도록 수직선을 이용, 어깨 면적을 분할하여 시각적 착시 현상을 유도하는 디자인 연출한다.

소매 윗부분이 유연하고 넉넉한 것이 좋으며 하의에 비해 어두운 톤 사용하고 너무 작은 네크라인이나 칼라 종류, 래글런 슬리브(정장류나 코트의 경우는 절대 피함), 어깨 견장, 홀터 네크와 슬립형 상의는 피한다.

액세서리는 챙이 약간 넓은 모자, 앞중심선 핀장식, 길이감 있는 목걸이를 사용한다.

오프숄더 스타일 상의

㉠ 아이템 선택 : 어깨 패드가 있는 자켓이나 상의, 오프숄더 스타일의 의상 활용, 어깨를 가려주는 상의 디자인, 스트랩이 있는 톱스 선택

⑥ 어깨가 좁은 형

수평선을 이용하거나 네크라인과 칼라를 약간 작게 하여 균형을 맞춘다. 어깨부분에 볼륨을 주거나 컬러 사용도 하의에 비해 밝은 톤 사용한다.

어깨 패드가 없는 정장류 상의, 좁은 형태의 네크라인이나 길이가 긴 칼라, 래글러, 피트된 롱 슬리브의 상의, 햄라인에 볼륨감 있는 하의는 피한다.

액세서리는 챙이 약간 좁은 모자, 약간의 넓이 감 있는 목걸이, 숄 등을 사용한다.

어깨를 강조하는 상의

㉠ 아이템 선택 : 어깨를 강조하는 디자인, 패턴이나 장식이 있는 상의, 오프숄더나 벌룬 소매 디자인 활용, 어깨 패드가 있는 자켓 선택

⑦ 가슴이 큰 형

약간 여유있는 상의와 레이어드 스타일로 가급적 장식적인 것은 피하고 어두운 컬러를 사용한다.

밀착형 니트, 넓은 벨트 사용이나 하이웨이스트 스타일, 가슴 주위나 어깨 요크 부근의 개더나 프릴 등 디테일, 짧고 통이 넓은 소매는 피한다.

액세서리는 약간 큰 귀걸이, 가슴선 위나 아래에 위치하는 목걸이, 스카프, 약간 좁은 느낌의 벨트 사용한다.

V넥 디자인의 다크컬러 상의

㉠ 아이템 선택 : V넥 디자인의 상의, 다크 컬러의 상의, 플로우시키는 소재 활용, 허리 강조를 통한 균형 유지

⑧ 가슴이 작은 형

우선적으로 속옷으로 보정이 필요하며 겉옷은 볼륨 있거나 장식이 있는 디자인, 큰 문양의 패턴을 이용하여 빈약함을 보완한다.

하이 네크라인, 돌먼 슬리브 등의 디테일의 부드럽고 여유 있는 아이템을 활용하고 밀착형 상의류, 수직선 문양이나 길이를 느끼게 하는 네크라인, 스판이나 부드럽고 얇은 소재의 사용은 피한다.

액세서리는 가슴 선까지 오는 볼륨 있는 여성스러운 목걸이나 스카프, 약간 넓은 피팅 된 벨트를 사용한다.

풍성한 러플 디자인 상의

㉠ 아이템 선택 : 패턴이나 장식이 있는 상의, 패드가 있는 브래지어 활용, 푸시업 브래지어나 저지지 브래지어 활용, 단색 상의와 밝은 컬러의 하의 조합

⑨ 팔이 굵은 형

굵은 팔을 보완하기 위해 소매의 길이를 7부에서 긴 소매까지 착용하며 숄을 사용하거나 헐렁하게 맞는 상의 및 드레스가 효과적이다. 하의 부분은 강조점을 두어 시선을 다른 곳으로 유도하고 문양은 폭이 좁은 세로줄 무늬와 작은 무늬가 좋다.

몸에 달라붙거나 두껍고 무거운 직물로 된 소매, 어깨선이 좁은 몸에 꼭 맞는 상의, 소매가 없거나 어깨 라인이 없는 의복은 피한다.

팔을 덮는 스카프 장식

㉠ 아이템 선택 : 넓은 소매 디자인의 상의, 3/4 소매 디자인의 상의, 팔을 가려주는 액세서리 활용, 얇은 소재의 상의 선택

⑩ 팔이 가는 형

부드러운 편물이나 광택 있는 소재, 풍성한 장식이 있는 여유있는 소매, 가로 패턴 사용에 의한 수평적 착시효과 연출한다.

목에 두르는 스카프, 폭이 좁은 팔지류, 작은 반지 등 아기자기한 액세서리 사용한다.

풍성한 소매 디테일 상의

㉠ 아이템 선택 : 소매 디테일이 있는 상의, 소매 길이가 긴 상의, 팔을 강조하는 액세서리 활용, 볼륨감 있는 소매 디자인 선택

⑪ 허리가 굵은 형

허리선이 두드러지지 않도록 허리선이 없거나 허리선을 덮는 여유 있는 스타일을 연출하고 가슴과 엉덩이를 강조하여 허리를 가늘어보이게 약간 부드러운 소재로 허리에 피팅시킨다. 벨트 등으로 허리를 강조한 스타일, 플레어스커트, 개더 스커트, 허리를 강조한 원피스는 피한다. 액세서리는 약간 느슨하며 얇은 벨트, 목이나 어깨에 스카프 사용한다.

A라인 여유있는 드레스

㉠ 아이템 선택 : 하이웨스트 아이템, A라인 스커트나 드레스, 라플 디테일이 있는 상의 선택

⑫ 허리가 가는 형

허리선에 스카프를 감아주거나 허리선에 프릴 장식 등으로 풍성함 연출한다. 허리선을 지나치게 드러내기보다 약간 여유있는 루즈 피트도 효과적이다.

중간 넓이의 벨트를 악센트 컬러로 사용하여 허리를 돋보이게 연출한다.

허리선 리본 장식 드레스

㉠ 아이템 선택 : 허리라인을 강조하는 아이템, 허리를 강조하는 벨트 활용, 자연스러운 실루엣의 의상, 잔여 공간을 활용한 레이어링 스타일링

⑬ 엉덩이가 큰 형

엉덩이를 가리는 긴 상의를 선택하거나 엉덩이 부분에 약간 여유를 주는 하의 선택이 효과적이며 상의 밝은 컬러, 하의는 짙은 컬러 사용하고 허리 아랫부분을 부드럽고 여유롭게 할 수 있는 소재를 사용한다.

힙 주위가 강조된 타이트한 원피스, 판타롱이나 커프스가 있는 바지, 짧은 재킷과 일자형 스커트. 피트된 넓은 벨트, 무겁고 둔한 스타일의 착용은 피한다.

액세서리로는 모자, 독특한 귀걸이, 목걸이, 목과 어깨 장식 스카프를 활용한다.

㉠ 아이템 선택 : 하의 선택 시 힙을 가려주는 스타일, A라인 스커트나 와이드 레그 팬츠, 다크 컬러의 하의, 상의에 포인트를 주는 디자인 선택

힙을 가려주는 긴 상의

⑭ 엉덩이가 작은 형

엉덩이의 편평함을 보완하기 위해 엉덩이 주위에 여유가 있는 디테일의 하의 아이템 선택하고 엉덩이가 지나치게 작으면 긴 상의를 이용하여 감추거나 가슴과 비교하여 균형 감각을 이루도록 한다.

프린세스 라인이 들어간 상의 또는 원피스, 밑위가 아주 짧은 힙본 스타일 팬츠 밀착형 상의, 타이트한 스커트와 바지는 피한다.

액세서리는 중간 정도 넓이의 벨트나 장식용 허리 리본 등을 활용한다.

㉠ 아이템 선택 : 힙을 강조하는 하의, 주름이나 장식이 있는 하의, 밝은 컬러의 하의, 하의에 디테일이 있는 디자인 선택

주름 장식이 있는 하의

⑮ 다리가 굵은 형

폭이 넓고 헐렁하며 긴 길이의 하의가 필요하며 가벼운 소재로 레이어드 스타일로 겹쳐 착용한다. 상체를 강조하여 시선 분산이나 착시 효과 유도한다.

스커트 햄 라이인 좁은 스트레이트, 항아리형 스커트, 샤넬라인 스커트와 앵글 부츠의 조합, 신축성이 있거나 뻣뻣하고 무거운 소재 사용는 피한다.

액세서리는 상부의 주의를 끌 수 있는 모자, 귀걸이, 목걸이, 스카프를 활용한다.

와이드 레그 팬츠

㉠ 아이템 선택 : A라인 스커트나 와이드 레그 팬츠, 다크 컬러의 하의, 하의를 강조하는 상의 선택, 스트라이프 패턴 활용

⑯ 다리가 짧은 형

원피스를 이용하거나 투피스는 단색으로 통일하고 강조를 할 경우 가급적 상부에 사용 하고 시선을 위로 유도하도록 한다. 허리선을 약간 위로 올려주어 상하의의 비례를 맞추도록 한다.

7, 8부형 하의. 허리와 힙선 중간의 어중간간 길이의 상의, 허리와 엉덩이 부분에 눈에 띄는 디테일은 피한다.

액세서리는 하의에 어울리는 벨트, 중간 이상 굽 구두를 활용한다.

단색 투피스 상의 강조

㉠ 아이템 선택 : 하이웨스트 아이템, 단색 또는 모노톤 코디, 넓은 팬츠나 스커트 활용

5) 신체 사이즈 측정법

(1) 상체

① 목둘레

· 목젖 아랫부분을 딱 맞게 잰다.

· 셔츠 등 카라가 있는 옷은 목둘레에서 1~2cm 여유를 두고 선택

② 가슴둘레

· 겨드랑이 밑과 가슴의 가장 높은 부분을 지나는 선을 일직선으로 잰다.

③ 어깨너비

· 어깨 끝점 (팔 올렸을 때 어깨에 가장 움푹 들어간 곳) 에서 목뒤 지나 반대쪽 어깨 끝점까지의 둘레

④ 소매길이

· 어깨 끝점에서 손목 뼈까지의 길이

⑤ 허리둘레

· 팔을 늘어뜨렸을 때 팔꿈치 부분, 옆구리에서 가장 잘록한 부분을 평행하게 둘러 잰다.

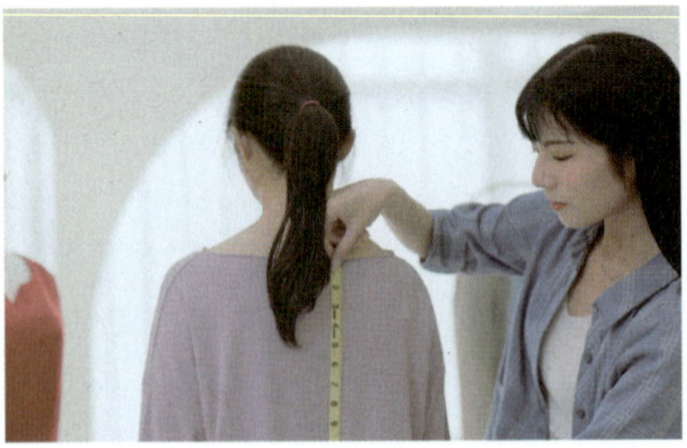

(2) 하체

① 엉덩이 둘레

· 엉덩이에서 가장 볼록한 부분을 평행하게 둘러 잰다.

② 허벅지 둘레

· 차렷 자세에서 가운데 손가락 끝이 허벅지에 닿는 부분을 둘러 잰다.

③ 밑위 길이

· 의자에 허리를 펴고 앉아 허리 둘레를 재는 지점부터 엉덩이가 닿은 의자까지의 길이

④ 다리 길이

· 가지고 있는 바지로 길이 측정
· 바짓가랑이와 수평인 위치부터 발목까지 측정

(3) 남성 신체 사이즈 측정법

① 가슴둘레 / 바스트

· 옷을 탈의한 상태로 겨드랑이 아래에서 가슴의 가장 높은 부분이 줄자로 수평이 되게 잰다.

· 자세는 전 자세 또는 편한 자세

· 남성인 경우 가슴골에 손가락을 넣어 잰다.

② 전체팔길이

· 뒷 목선의 중앙부터 소매 입구까지 측정

③ 목둘레

· 가지고 있는 셔츠로 목둘레를 측정

· 셔츠 깃을 평평하게 하고, 첫 단추의 중심부터 단춧구멍 끝부분까지 측정

④ 다리 길이

· 가지고 있는 바지로 길이를 측정

· 바짓가랑이와 수평인 위치부터 발목까지 측정

⑤ 허리둘레

· 허리는 갈비뼈 아래의 배꼽 부근에서 측정

· 힘을 주는 게 아닌 편안한 상태에서 진행

(4) 여성 신체 사이즈 측정법

① 가슴둘레 /바스트

· 컵이 없는 속옷을 착용하거나, 옷을 탈의한 상태로 겨드랑이 아래에서 가슴의 가장 높은 부분 이 줄자로 수평이 되게 잰다.

· 자세는 전 자세 또는 편한 자세

② 허리둘레

· 허리는 갈비뼈 아래의 배꼽 부근에서 측정

· 힘을 주는 게 아닌 편안한 상태에서 진행

③ 엉덩이

· 똑바로 선 자세에서 엉덩이의 가장 큰 부분의 둘레를 측정

④ 어깨너비

· 자세를 바로 한 후 경추점 (튀어나온 뼈)의 끝에서 끝까지 측정

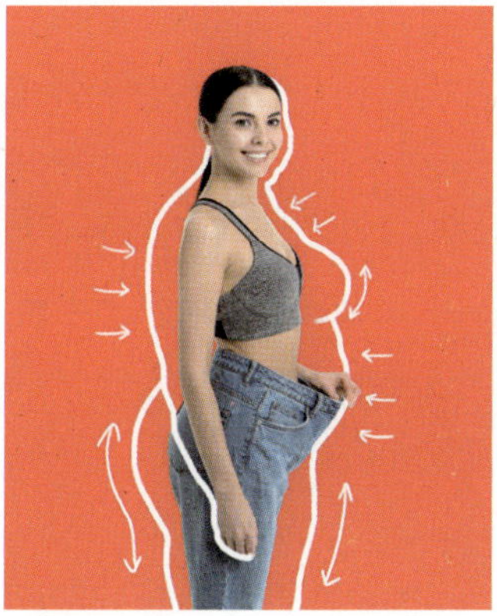

05

컬러 이미지와 스타일링 COLOR IMAGE & STYLING

1. 컬러의 이해

컬러(Color, 색채)는 빛깔을 의미하는 단어로 디자인 3요소(형태, 질감, 색채) 중 하나이다. 인간은 빛의 영역 중 380~780nm의 가시광선의 파장을 색으로 인지한다.

1) 빛과 색채

(1) 색채 지각의 3요소

인간이 색을 지각하기 위해서는 빛, 물체(대상물), 시각(눈)의 3가지 요건이 필요하며 이를 색채 지각의 3요소라 한다. 빛은 물체에 닿아 반사, 흡수, 투과, 굴절, 산란, 회절, 간섭 등의 현상을 일으키며, 인간의 감각기관(눈)을 통해 이러한 빛의 현상을 색으로 지각하게 된다.

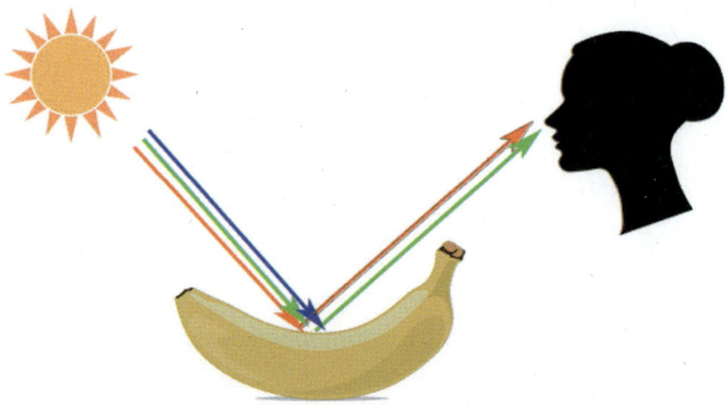

색채 지각의 3요소

(2) 빛의 이해

빛(Light)은 파장의 특징을 가지고 있다. 파장의 길이에 따라 장파장, 중파장, 단파장으로 분류하며, 그 중 380~780nm(나노미터) 사이의 빛은 사람이 볼 수 있어 가시광선(Visible Light)라 한다. 가시광선은 평소에는 백광으로 보이지만, 레드(R), 그린(G), 블루(B) 등으로 분광(分光)되면 스펙트럼(Spectrum)이라는 색의 띠로 보인다.

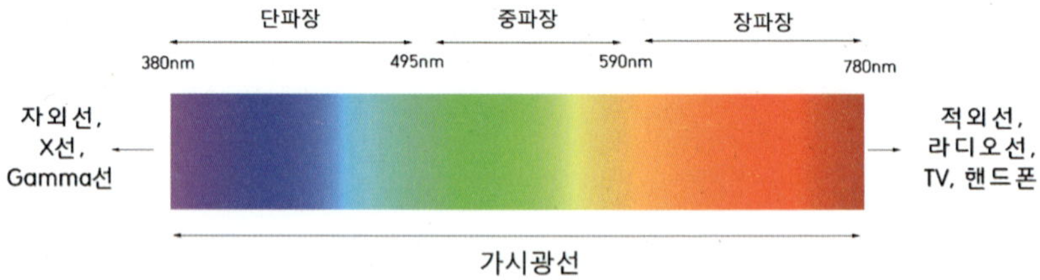

가시광선의 스펙트럼

2) 색의 분류

(1) 무채색

색상과 채도가 없이 명도의 차이만 있는 색을 무채색(無彩色)이라 한다. 흰색, 회색, 검정색의 밝은 정도를 등간격으로 분류하여 색을 구분한다.

(2) 유채색

무채색을 제외한 모든 색상이 있는 색을 유채색(有彩色)이라 한다. 색상, 명도, 채도의 색의 3요소에 의해 색을 구분한다.

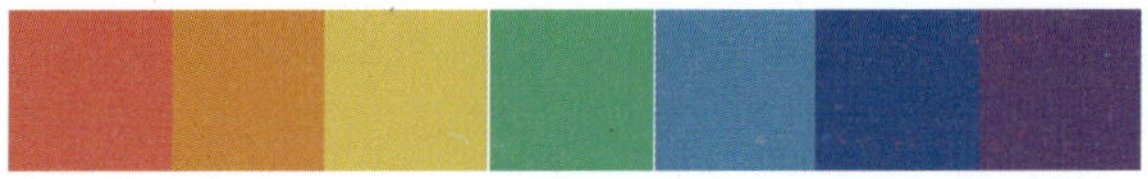

3) 색의 3속성

(1) 색상(Hue)

색상(色相)은 유채색만이 가지는 색의 고유한 성질로 빛의 스펙트럼에 따라 빨강, 주황, 노랑, 초록, 파랑, 보라, 자주 등으로 구분되는 속성이다.

색상을 원 형태로 배열해 놓은 것을 색상환으로 하며, 색상환에서 놓인 위치에 따라 동일색, 유사색, 반대색, 보색 등의 관계가 형성된다.

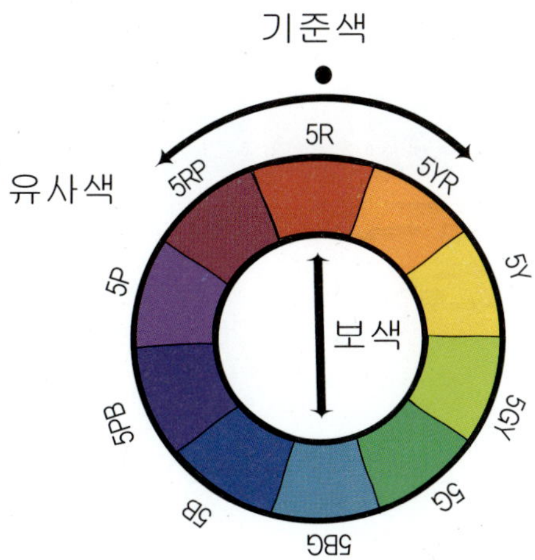

(2) 명도(Value)

명도(明度)란 색의 밝고 어두운 정도를 말한다. 명도는 무채색과 유채색 모두 분류할 수 있으며, 밝을수록 고명도, 어두울수록 저명도라 한다.

가장 이상적으로 어두운 검정을 0, 가장 밝은 흰색을 10으로 기준으로 잡으며, KS 한국표준색체계에서는 검정을 N1.5, 흰색을 N9.5로 10단계로 표기한다.

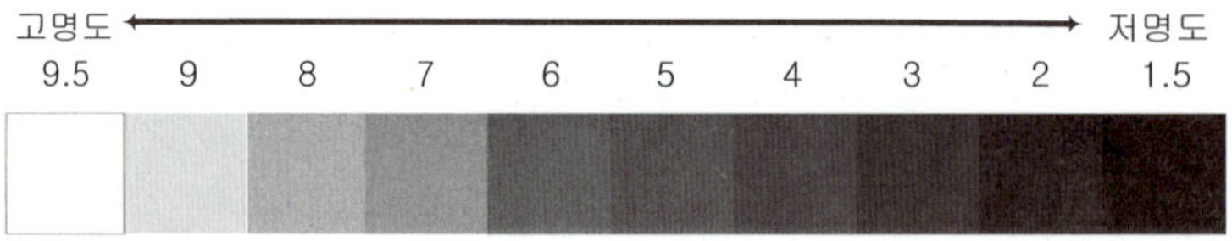

(3) 채도

채도(彩度)는 색의 맑고 탁한 정도를 의미하는 것으로 선명한 정도에 따라 고채도, 중채도, 저채도로 분류한다. 채도가 높아 순색에 가까울수록 고채도, 색이 혼합되거나 무채색에 가까울수록 저채도라 한다.

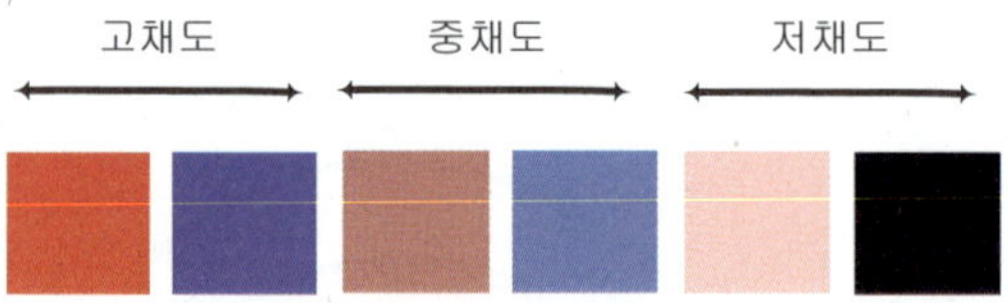

4) 톤(Tone)

톤(Tone, 색조)은 색의 3속성 중 명도와 채도의 복합 개념으로 색의 이미지를 형용사로 표현한 것이다. 한국산업규격(KS)에서는 13가지의 색조와 10단계의 무채색으로 표현한다.

가장 고채도의 톤을 비비드 톤(vv), 가장 고명도의 톤을 화이티시 톤(wh), 가장 저명도의 톤을 블랙키시 톤(bk)이며, 톤명은 소문자로 표기한다.

예시

Wt = White, 흰색(색상), N9.5

wh = whitish, 흰(톤)

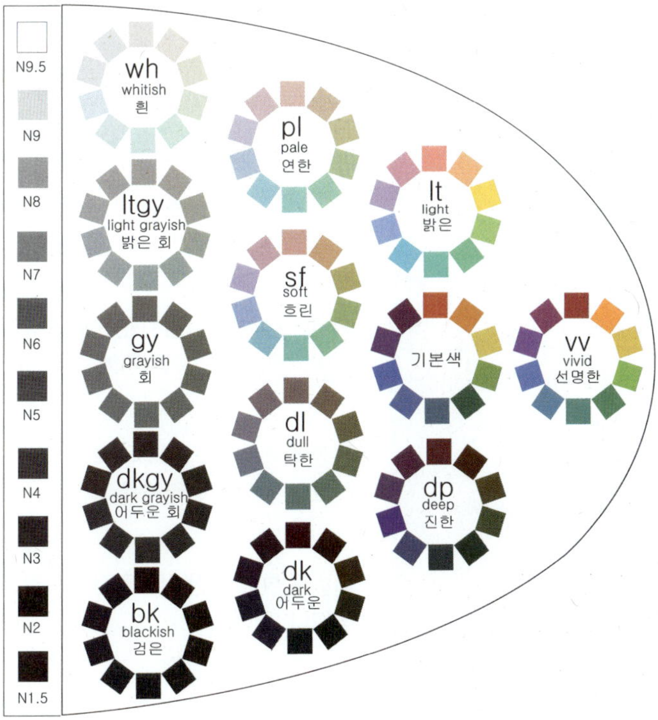

배색		특징
	비비드 (vivid, vv)	고채도의 선명한 색으로 활동적인 이미지가 특징이다. 액티브하고 다이내믹한 이미지에 어울린다.
	라이트 (light, lt)	순색에 소량의 흰색이 혼합된 밝은 색으로 젊고 발랄한 캐쥬얼 이미지에 적합하다.
	페일 (pale, pl)	순색에 6배의 흰색이 섞인 파스텔 계열의 색상으로 여성스럽고 로맨틱한 이미지에 어울린다.
	화이티시 (whitish, wh)	비비드 톤에 다량의 흰색을 섞어 만든 색으로 KS톤 중 가장 고명도의 밝은 색이다.
	소프트 (soft, sf)	중명도・중채도의 수수한 이미지로 편안하고 내추럴한 이미지를 표현할 때 자주 응용한다.
	덜 (dull, dl)	순색에 회색을 가미하여 만든 색으로 차분하고 고상한 이미지에 활용된다.
	라이트 그레이시 (light grayish, ltgy)	밝은 회색에 색상을 섞어 만든 색으로 차분하고 성숙한 이미지에 어울린다.
	그레이시 (grayish, gy)	회색에 색상이 가미된 톤으로 차분하고 정적이다. 도시적이고 이지적인 이미지에 어울린다.
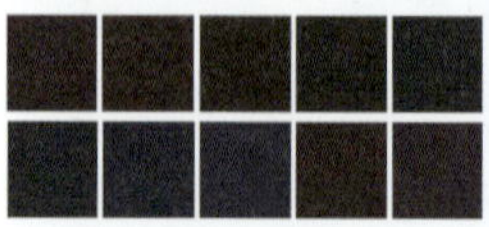	다크 그레이시 (dark grayish, dkgy)	검정에 가까운 저명도의 회색기가 감도는 색으로 중후하고 남성적인 이미지를 가진다.
	딥 (deep, dp)	비비드 톤이 약간 어두워진 톤으로 진하고 강한 색이 특징이다. 클래식

배색		특징
	다크 (dark, dk)	어둡고 무거운 색조로 클래식, 모던, 매니시 이미지 등 어두운 색이 필요한 이미지에 어울린다.
	블랙키시 (blackish, bk)	KS 톤에서 가장 저명도·저채도의 색으로 검정에 가까운 무게감이 느껴지는 톤이다.

2. 컬러 이미지

1) 색의 연상과 이미지

색상		색의 연상		색의 이미지
	빨강	구체적	불, 피, 태양, 장미	세련되고 섹시한 느낌을 연출할 수 있으며, 강렬한 이미지를 연출할 수 있다.
		추상적	위험, 열정, 욕구, 분노	
	주황	구체적	오렌지, 귤, 감, 호박	연한 컬러는 사랑스러운 이미지, 진한 컬러는 젊고 건강해 보이는 이미지이다.
		추상적	적극, 희열, 건강, 식욕	
	노랑	구체적	레몬, 바나나, 병아리	봄의 대표적인 색상으로 귀엽고 사랑스러우며 산뜻한 이미지를 가진다.
		추상적	경고, 유쾌, 희망, 질투	

색상		색의 연상		색의 이미지
	초록	구체적	나뭇잎, 잔디, 완두콩	봄에 어울리는 컬러로 생동감과 산뜻한 느낌을 연출할 수 있다.
		추상적	평화, 고요, 안전, 신선함	
	파랑	구체적	하늘, 호수, 바다, 수국	시원한 느낌으로 대표적인 여름 컬러이며, 모던 이미지의 포인트 컬러로 사용된다.
		추상적	차가움, 우울, 냉정, 추위	
	보라	구체적	포도, 라벤더, 라일락	우아한 성숙한 여성의 이미지이며, 붉은 보라는 관능적인 이미지를 연출할 수 있다.
		추상적	고귀, 우아, 신비, 외로움	
	분홍	구체적	복숭아, 벚꽃, 립스틱	연한 분홍은 청순하고 사랑스러운 이미지, 진한 핑크는 생동감 있는 이미지이다.
		추상적	애정, 사랑, 달콤함	
	갈색	구체적	나무, 흙, 초컬릿	가을을 대표하는 색상으로 성숙하고 차분하며, 지적이고 세련된 이미지이다.
		추상적	자연스러운, 고전, 풍요	
	흰색	구체적	눈, 설탕, 솜, 백합	화이트는 깨끗하고 투명한 이미지를 표현하며, 여름에 자주 사용된다.
		추상적	청결, 순수, 순결, 밝음	
	회색	구체적	바위, 먼지, 안개, 재	그레이는 모던한 느낌의 컬러이로 명도에 따라 느낌이 조금씩 다를 수 있다.
		추상적	우울, 중성, 소극적	
	검정	구체적	연탄, 까마귀, 밤, 타이어	블랙은 시크하고 선명한 이미지로 모던 이미지, 매니시 이미지의 대표 컬러이다.
		추상적	죽음, 허무, 절망, 정지	

2) 이미지 스케일(Image Scale)

이미지 스케일이란 '정적인-동적인', '부드러운-딱딱한' 등의 기준 축으로 만든 공간에 이미지에 따른 언어와 단색, 배색을 배치한 것이다. 미국의 심리학자 오스굿에 의해 고안된 색채 이미지 평가 방법인 SD법으로 한국인의 색채 감성을 조사하여 배치한 것을 'I.R.I 이미지 스케일'이라 한다.

형용사 언어로 구성한 스케일을 '형용사 이미지 스케일', 단색으로 구성한 것을 '단색 이미지 스케일', 배색으로 구성한 것을 '배색 이미지 스케일'이라 한다.

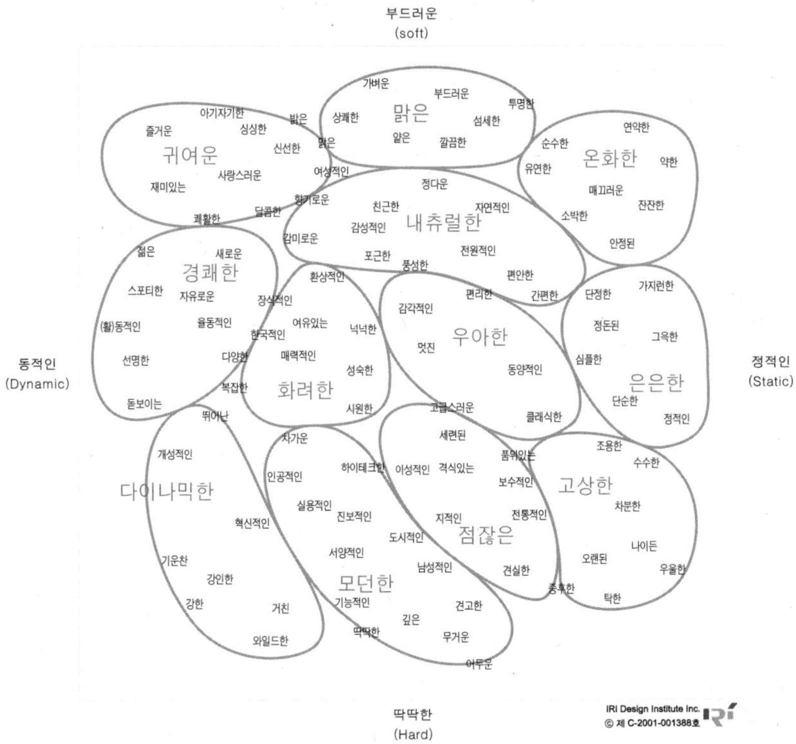

I.R.I 형용사 이미지 스케일

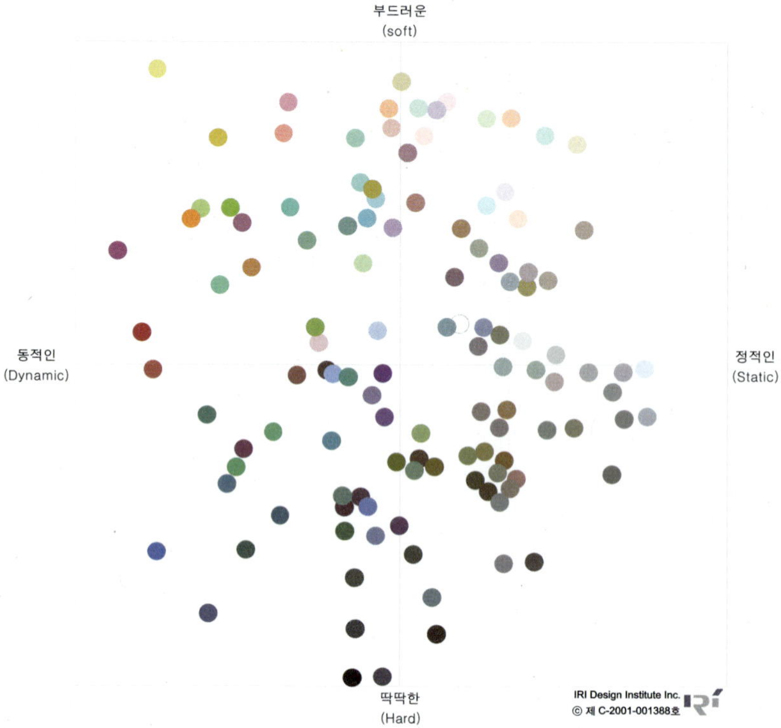

I.R.I 단색 이미지 스케일

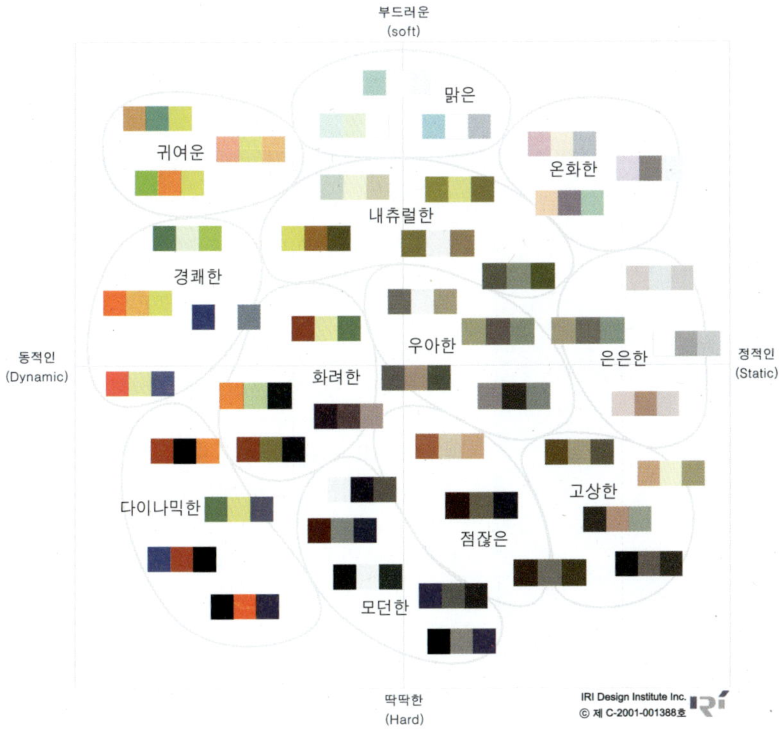

I.R.I 배색 이미지 스케일

3. 배색 이미지

배색		특징
	그라데이션 (Gradation)	점진 배색의 의미로, 색상, 명도, 채도 또는 톤의 속성이 단계적으로 변화하도록 배색하는 것이다.
	멀티컬러 (Multi-color)	고채도의 다양한 색상 배색으로 리듬감 있는 액티브한 느낌을 주고, 귀여움, 화려함을 표현할 수 있다.
	콘트라스트 (Contrast)	보색 배색이라는 의미로, 보색에 가까운 색의 조합으로 화려하고 활기찬 느낌의 배색이다.
	악센트 (Accent)	강조 배색의 의미로, 강조색을 좁은 부위에 사용하여 돋보이게 하는 것이 특징이다.
	세퍼레이션 (Separation)	분리배색의 의미로, 대립되는 두 색 사이에 무채색, 금색 등을 넣어 조화를 이루는 배색이다.
	톤온톤 (Tone on Tone)	톤을 겹친다는 의미로, 톤이 다른 동일 색상을 선택하여 배색하는 것이다.
	톤인톤 (Tone in Tone)	같거나 유사한 톤 안에서 색상의 차이를 주는 배색으로 온화하고 부드러운 느낌을 준다.
	레페티션 (Repetition)	반복 배색의 의미로, 2색 이상의 색채를 반복하여 표현하는 배색을 말한다.
	토널 (Tonal)	중명도, 중채도의 덜(dull)톤의 색을 사용한 수수한 이미지의 배색을 말한다.
	비콜로 (Bicolore)	2색 배색이라는 의미로 주로 무채색과 비비드 톤의 분명한 대비효과를 주는 경우가 많다.
	트리콜로 (Tricolore)	세 가지 색 이상을 배색하는 것을 말하며, 프랑스 국기와 같이 무채색과 비비드 톤을 주로 사용한다.

4. 색채의 감정

색채의 감정	특징
온도감	빨강, 주황, 노랑 등의 따뜻하게 느껴지는 색을 난색, 파랑, 하늘색 등의 차가운 색을 한색이라 한다.
중량감	상대적으로 고명도의 밝은색은 가벼워 보이고, 저명도의 어두운 색은 무거워 보인다.
경연감	고명도 · 저채도의 색은 부드럽게 느껴지고, 저명도 · 저채도의 색은 딱딱하게 느껴진다.
흥분색과 진정색	붉은색 계열은 활기찬 기분을 느끼게 하고 흥분시키는 반면, 푸른색 계열의 색은 차분하게 보인다.
팽창색과 수축색	같은 크기라도 고명도의 밝은색은 커 보이고, 저명도의 어두운색들은 더 작게 보인다.
진출색과 후퇴색	난색, 밝은색, 유채색의 색은 한색과 어두운색, 무채색보다 앞으로 진출하여 보이는 느낌을 준다.
주목성	눈에 잘 띄는 색의 성질을 주목성이라 한다. 유채색, 난색, 고채도의 색이 주목성이 큰 편이다.

5. 퍼스널 컬러

1) 퍼스널 컬러의 개념

퍼스널 컬러(Personal Color)란 각 개인이 가진 피부톤, 모발색, 눈동자 색 등의 신체색을 고려한 개인에게 잘 어울리는 색을 말한다. 퍼스널 컬러에 어울리는 색을 사용하면 피부가 밝고 화사해 보이며, 퍼스널 컬러 진단을 통해 잘 어울리는 색뿐 아니라 메이크업 이미지, 패션 코디네이션 등을 제안할 수 있다.

2) 퍼스널컬러의 유형

퍼스널 컬러는 크게 웜 톤(Warm Tone)과 쿨 톤(Cool Tone)으로 구분하며, 다시 봄, 여름, 가을, 겨울의 4계절 유형으로 분류한다. 봄과 가을은 웜 톤, 여름과 겨울은 쿨 톤에 해당한다.

(1) 웜 톤(Warm Tone)과 쿨 톤(Cool Tone)

① 웜 톤(Warm Tone)

옐로우 베이스(Yellow Base)로 부드럽고 온화한 이미지의 색상이 주를 이룬다. 노란빛이 감도는 피부톤, 모발색, 눈동자색의 사람에게 잘 어울린다. 대표적인 색상으로는 골드, 베이지, 옐로우, 그린 등이 있다.

② 쿨 톤(Cool Tone)

블루 베이스(Blue Base)로 흰색과 푸른색, 검은색 기운이 감도는 색상이 주를 이룬다. 핑크빛이 감도는 피부톤, 푸른기의 모발색, 눈동자색의 사람에게 잘 어울린다. 대표적인 색상으로는 실버, 그레이, 블랙, 블루 등이 있다.

Yellow Base

Blue Base

(2) 4계절 유형 분류

퍼스널 컬러는 봄, 여름, 가을, 겨울의 계절 특성을 반영하여 4계절 유형으로 분류한다. 봄과 가을은 웜 톤(옐로우 베이스), 여름과 겨울은 쿨 톤(블루 베이스)에 해당한다.

퍼스널 컬러 배색 실습

컬러칩 또는 잡지 이미지를 활용하여 4계절 유형의 퍼스널 컬러를 배색하시오.

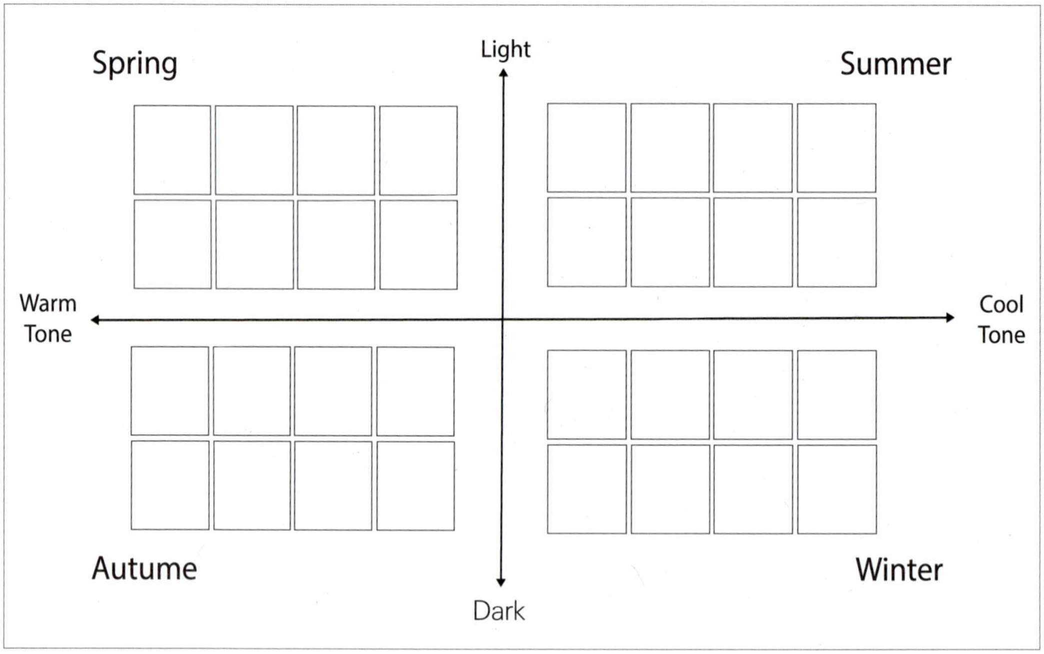

① 봄 유형

봄 유형의 사람은 밝은 노란빛이 감도는 피부톤과 밝은 갈색의 눈동자색과 모발색이 특징이다.

생동감과 활력이 넘치는 원색이 주를 이루며, 비비드 톤, 라이트 톤, 페일 톤 등의 밝은 옐로우, 오렌지, 레드, 그린 계열의 색이 잘 어울린다.

콘트라스트 배색, 멀티컬러 배색, 악센트 배색 등으로 이미지를 연출하면 잘 어울린다.

분류	봄 유형
피부톤	 Yellow Base
눈동자색 & 모발색	 밝은 갈색

이미지	대표적인 색상	대표적인 톤
	 옐로우, 오렌지, 레드, 그린	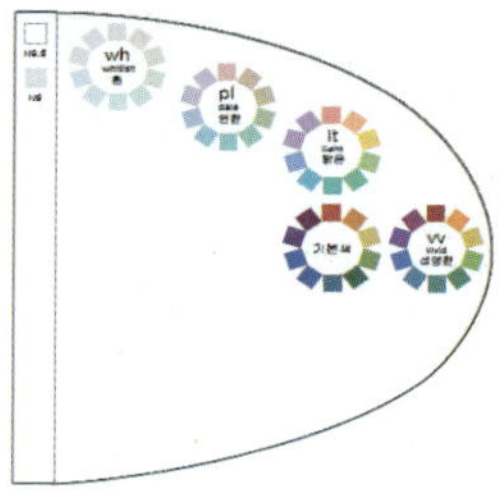 vv, lt, pl

② 여름 유형

여름 유형의 사람은 밝은 핑크빛이 감도는 피부톤과 회갈색의 눈동자색과 모발색이 특징이다. 부드럽고 여성스러운 이미지를 가진다.

페일 톤, 소프트 톤, 라이트 그레이시 톤 등 고명도·저채도의 화이트, 연핑크, 연회색 계열의 색이 잘 어울린다. 톤온톤, 톤인톤, 그라데이션 배색 등으로 이미지를 연출하면 잘 어울린다.

분류	여름 유형
피부톤	Blue Base
눈동자색 & 모발색	회갈색

이미지	대표적인 색상	대표적인 톤
	 화이트, 연핑크, 연회색	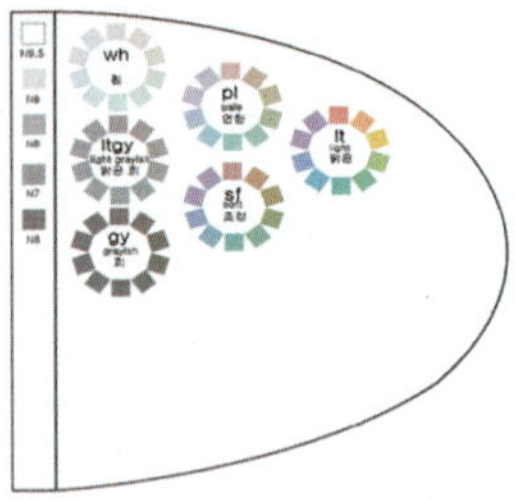 pl, sf, ltgy

③ 가을 유형

가을 유형의 사람은 황갈색빛이 감도는 피부톤과 짙은 갈색의 눈동자색과 모발색이 특징이다. 성숙하고 화려한 이미지를 가진다.

얼 톤, 딥 톤, 다크 톤 등 저명도·저채도의 브라운, 골드, 카키 등의 옐로우 베이스의 컬러가 잘 어울린다. 톤인톤, 그라데이션, 토널 배색 등으로 이미지를 연출하면 잘 어울린다.

분류	가을 유형
피부톤	 Yellow Base
눈동자색 & 모발색	 짙은 황갈색

이미지	대표적인 색상	대표적인 톤
	 브라운, 골드, 카키	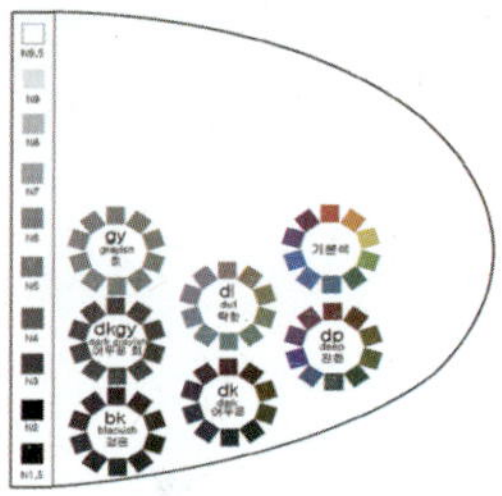 dl, dp, dk

④ 겨울 유형

겨울 유형의 사람은 밝은 핑크빛 또는 어두운 핑크빛이 감도는 피부톤과 블랙에 가까운 어두운 눈동자색과 모발색이 특징이다. 모던하고 이지적인 이미지를 가진다.

화이트, 그레이, 블랙 등의 뉴트럴 톤(무채색)과 화이티시 톤, 블랙키시 톤 등의 저채도의 색이 잘 어울린다. 비비드 톤을 악센트 컬러로 이용하기도 한다.

분류	겨울 유형
피부톤	 Blue Base
눈동자색 & 모발색	 흑갈색, 검정색

이미지	대표적인 색상	대표적인 톤
	 화이트, 그레이, 블랙, 마젠타	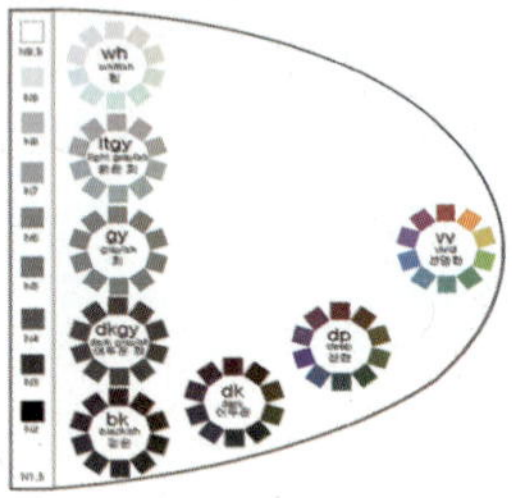 vv, wh, bk

3) 퍼스널 컬러의 진단

(1) 퍼스널 컬러의 진단 방법

어울리는 컬러와 어울리지 않는 컬러를 제안하기 위하여 다양한 방법으로 퍼스널 컬러를 진단한다. 가장 일반적인 진단 방법은 퍼스널 컬러 진단천을 활용한 진단이다.

진단 드레이핑천이 없는 경우, 피부톤, 눈동자색, 모발색의 특성을 분석하여 육안측색을 할 수 있고, 최근에는 측색기를 이용하여 신체색을 진단하기도 한다.

진단천 활용	육안 측색	측색기 활용
	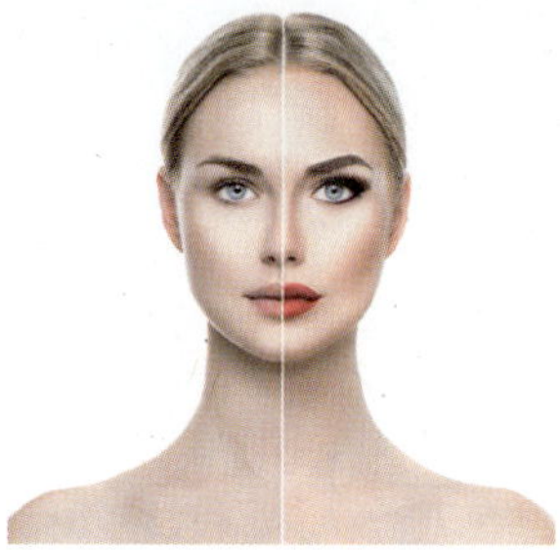	

(2) 퍼스널 컬러의 진단 준비

퍼스널 컬러는 메이크업을 모두 지운 얼굴에 진단하는 것이 가장 좋다. 다만, 아이섀도나 립 컬러 등의 포인트 메이크업 컬러를 제안하기 위한 목적으로 평소 사용하는 베이스 메이크업 후 진단하기도 한다.

진단 환경은 오전 10시~오후 3시 사이 자연광 또는 백색 조명 아래에서 거울을 보며 진단하는 것이 가장 좋다. 화려한 색의 의상은 어깨보로 가리고, 액세서리, 렌즈, 안경 등 아이템은 착용하지 않도록 한다. 다만 콘택트렌즈, 헤어 컬러 등에 어울리는 메이크업 컬러를 제안하고자 한다면 그대로 착용 후 진단한다.

(3) 퍼스널 컬러의 진단

퍼스널 컬러 진단천을 활용한 진단 시, 피부톤, 모발색, 눈동자색을 고려하여 웜톤과 쿨톤을 분류한다. 그 후 4계절 유형으로 진단하여 베스트 컬러와 워스트 컬러를 분석한다.

일반적으로 잘 어울리는 컬러는 피부톤을 밝고 건강하게 보이게 한다. 잘 어울리지 않는 컬러는 피부톤이 탁해지거나 지나치게 밝아지고, 피부 결점과 눈그늘, 주름 등이 두드러지게 된다.

(4) 퍼스널컬러 활용

퍼스널 컬러 진단천을 활용하여 웜&쿨 또는 4계절 유형으로 분류한 후, 각 유형에 따라 잘 어울리는 색과 이미지를 제안한다. 유형에 따라 어울리는 뷰티 이미지 및 패션 이미지를 연출할 수 있다.

① 봄 유형

퍼스널 컬러 봄 유형의 사람은 옐로우 베이스의 밝은 피부톤과 밝은 갈색의 눈동자색과 모발색을 가진 사람으로 귀엽고 사랑스러운 이미지의 사람이 가장 많다.

로맨틱, 프리티, 캐쥬얼 이미지가 잘 어울리며, 비비드 톤, 라이트 톤, 페일 톤 등의 옐로우 베이스의 컬러를 제안하도록 한다. 헤어스타일은 밝은 갈색의 숏 웨이브, 롱 웨이브 스타일이 잘 어울린다.

대표 이미지	어울리는 패션 이미지	아이섀도 컬러
	 로맨틱, 프리티	 피치, 오렌지 **립 컬러**  레드, 오렌지 **헤어 컬러**  밝은 갈색

② 여름 유형

퍼스널 컬러 여름 유형의 사람은 블루 베이스의 밝은 피부톤과 회갈색의 눈동자색과 모발색을 가진 사람으로 여성스럽고 성숙한 이미지의 사람이 가장 많다.

시크, 엘레강스, 로맨틱 이미지가 잘 어울리며, 페일 톤, 화이티시 톤, 라이트 톤 등의 화이트와 블루가 가미된 블루 베이스의 컬러를 제안하도록 한다. 헤어스타일은 회갈색의 롱 스트레이트, 숏 스트레이트 스타일이 잘 어울린다.

<table>
<tr><th>대표 이미지</th><th>어울리는 패션 이미지</th><th>아이섀도 컬러</th></tr>
<tr><td rowspan="5"></td><td rowspan="5">
시크, 엘레강스</td><td>
연핑크, 코코아베이지</td></tr>
<tr><th>립 컬러</th></tr>
<tr><td>
로즈베이지, 핑크</td></tr>
<tr><th>헤어 컬러</th></tr>
<tr><td>
회갈색</td></tr>
</table>

③ 가을 유형

퍼스널 컬러 가을 유형의 사람은 옐로우 베이스의 황갈색 피부톤과 짙은 황갈색의 눈동자색과 모발색을 가진 사람으로 건강하고 세련되거나 관능적인 이미지의 사람이 많다.

클래식, 에스닉, 내추럴, 고져스 등의 이미지가 잘 어울리며, 딥 톤, 다크 톤, 덜 톤 등의 저명도, 저채도의 옐로우 베이스의 컬러와 골드 계열의 메탈 컬러도 잘 어울린다. 헤어스타일은 짙은 황갈색의 굵은 웨이브스타일이 잘 어울린다.

대표 이미지	어울리는 패션 이미지	아이섀도 컬러
	 클래식, 에스닉	코럴베이지, 딥피치 **립 컬러** 브라운, 코랄베이지 **헤어 컬러** 짙은 황갈색

④ 겨울 유형

퍼스널 컬러 겨울 유형의 사람은 블루 베이스의 밝은 피부톤 또는 어두운 피부톤과 검정에 가까운 어두운 눈동자색과 모발색을 가진 사람이다. 도시적이고 세련된 이미지의 사람이 가장 많다.

모던, 매니시, 소피스트케이트 등 무채색을 자주 활용하는 이미지가 잘 어울리며, 화이트, 그레이, 블랙의 뉴트럴 톤과 비비드 톤, 딥 톤의 악센트 배색이 잘 어울린다. 헤어스타일은 흑발 또는 애쉬 그레이 컬러의 숏컷, 숏 스트레이트, 롱 스트레이트 스타일이 잘 어울린다.

<table>
<tr><th>대표 이미지</th><th>어울리는 패션 이미지</th><th>아이섀도 컬러</th></tr>
<tr><td rowspan="5"></td><td rowspan="5">
모던, 매니시</td><td>
페일핑크, 로즈베이지</td></tr>
<tr><th>립 컬러</th></tr>
<tr><td>
딥레드, 마젠타</td></tr>
<tr><th>헤어 컬러</th></tr>
<tr><td>
흑갈색, 검정색</td></tr>
</table>

퍼스널 컬러 이미지맵 실습

봄 유형(Spring)

여름 유형(Summer)

퍼스널 컬러 이미지맵 실습

가을 유형(Autumn)

겨울 유형(Winter)

06

커뮤니케이션과 고객 응대 서비스

COMMUNICATION & SERVICE

1. 커뮤니케이션(Communication)

커뮤니케이션은 정보, 생각, 감정, 아이디어 등을 전달하고 교환하는 프로세스를 말한다. 이는 사람들 간 또는 조직 내에서 이루어지며, 의사소통이라고도 불리고 사회적 상호작용과 협력의 중요한 요소로 작용하며, 사람들이 서로 이해하고 소통하기 위해 사용하는 수단이기도 하다.

커뮤니케이션은 다양한 방식으로 이루어질 수 있는데 말과 언어를 사용한 구두적인 커뮤니케이션, 글과 문서를 사용한 서면적인 커뮤니케이션, 몸짓과 표정을 사용한 비언어적인 커뮤니케이션 등이 있다. 또한, 기술의 발전으로 인해 전화, 이메일, SNS 채팅 등을 통한 원격 커뮤니케이션도 일상적으로 이루어지고 있다. 커뮤니케이션을 효과적으로 이루기 위해서는 상황에 맞는 언어와 톤, 목적에 따른 정보의 선택과 구성, 청중의 특성을 고려한 전달 방식 등이 중요한 요소이며 또한 송신자와 수신자 간의 상호작용으로 이루어지기 때문에 수신자의 피드백과 이해도를 확인하고 조정하는 것도 중요하다.

커뮤니케이션은 개인적인 관계에서부터 비즈니스, 정치, 교육 등 모든 분야에서 필요한 기술이다. 효과적인 커뮤니케이션은 관계의 개선, 문제 해결, 협력 강화 등에 도움을 줄 수 있으며, 반대로 부적절하거나 오해를 일으키는 커뮤니케이션은 갈등과 혼란을 야기할 수 있다. 따라서, 커뮤니케이션의 개념과 원칙을 이해하고 적용하여 상호간의 소통과 협력을 원활하게 하는 것이 중요하다.

커뮤니케이션은 다양한 유형으로 분류될 수 있는데 일반적으로 사용되는 몇 가지 커뮤니케이션 유형은 다음과 같다.

① **말하기**(Oral Communication) : 말로 정보를 전달하고 의사소통하는 것으로 대화, 회의, 발표 등을 통해 이루어진다.

② **쓰기**(Written Communication) : 글로 정보를 전달하고 의사소통하는 것으로 이메일, 보고서, 편지, 메모 등을 통해 이루어진다.

③ **비언어적 커뮤니케이션**(Nonverbal Communication) : 말이나 글을 사용하지 않고도 정보를 전달하고 의사소통하는 것으로 얼굴 표정, 몸의 움직임, 손짓 등을 통해 이루어진다.

④ **청취**(Listening) : 상대방의 의사를 이해하고 받아들이는 것으로 효과적인 커뮤니케이션을 위해서는 상대방의 발언을 주의 깊게 듣고 이해하는 것이 중요하다.

⑤ **비언어적 청취**(Nonverbal Listening) : 말로 표현되지 않은 정보나 감정을 파악하는 것으로 목소리 톤, 표정, 몸의 움직임 등을 통해 의미를 추론할 수 있다.

⑥ **그림/도표**(Visual Communication) : 그림, 도표, 차트 등 시각적인 수단을 사용하여 정보를 전달하고 의사소통하는 것이다.

⑦ **멀티미디어 커뮤니케이션**(Multimedia Communication) : 텍스트, 이미지, 오디오, 비디오 등 다양한 형식의 미디어를 사용하여 정보를 전달하고 의사소통하는 것이다.

⑧ **대인 커뮤니케이션**(Interpersonal Communication) : 개인 간에 이루어지는 일대일 혹은 소규모 그룹의 커뮤니케이션을 의미한다.

⑨ **대중 커뮤니케이션**(Mass Communication) : 많은 사람들에게 동시에 정보를 전달하고 의사소통하는 것으로 뉴스, 방송, 광고 등을 통해 이루어진다.

1) 표정 연출

(1) 표정 연출법

표정 연출법은 특정 감정이나 상황을 나타내기 위해 얼굴 표정을 조절하고 사용하는 기술로 이러한 표정 연출은 연기, 말하기, 사진 촬영, 영상 제작 등 다양한 상황에서 활용될 수 있으며 다음과 같은 요소들이 사용된다.

① **미소**(Smile) : 미소는 친근하고 긍정적인 이미지로 일반적인 미소, 큰 웃음, 사회적인 미소 등 다양한 미소 표정을 활용할 수 있다.

② **찡그림**(Frown) : 찡그림은 불편, 걱정, 불만 등 부정적인 감정을 나타내며 슬픔이나 분노와 같은 감정을 표현할 수 있다.

③ **깜짝임**(Surprise) : 깜짝임은 놀람이나 충격을 나타낸다. 눈을 크게 뜨고 입을 벌리는 등의 표정을 사용하여 깜짝임을 연출할 수 있다.

④ **화남** (Anger) : 화남은 분노나 적대감을 나타내는 감정으로 이마 주름, 입을 굳게 다문 상태 등을 통해 화남을 표현할 수 있다.

⑤ **슬픔**(Sadness) : 슬픔은 비애나 우울함을 나타내는 감정으로 눈가 주름, 입꼬리가 내려간 표정 등을 사용하여 슬픔을 연출할 수 있다.

⑥ **놀람**(Fear) : 놀람은 공포나 불안을 나타내는 감정으로 눈을 크게 뜨고 입을 벌리며 귀를 앞으로 기울이는 표정을 사용하여 놀람을 표현할 수 있다.

⑦ **피곤함**(Tiredness) : 피곤함은 피로나 지침을 나타내는 감정으로 눈이 반쯤 감기고 얼굴이 표정이 피곤해 보이는 표현을 사용하여 피곤함을 연출할 수 있다.

⑧ **기쁨** (Joy) : 기쁨은 큰 기쁨이나 즐거움을 나타내는 감정으로 눈이 반짝이고 입꼬리가 올라간 웃음을 통해 기쁨을 표현할 수 있다.

(2) 스마일 트레이닝

스마일 트레이닝은 더 자연스러운, 매력적인 미소를 연출하기 위해 사용되는 훈련 방법이다. 얼굴 근육을 강화하고, 표정을 조절하며, 자신감을 향상시키는 데 도움을 준다. 스마일 트레이닝은 꾸준한 연습과 시간이 필요한데 주의해야 할 점은 과도한 연습으로 인해 표정이 강제로나 억지스러워지지 않도록 하는 것이다. 다음과 같은 기술과 연습이 효과적이다.

① **거울 앞에서 연습하기** : 거울 앞에서 자신의 표정을 관찰하고 스마일을 연습한다. 다양한 스마일 표정을 시도하고 어떤 표정이 더 자연스럽고 매력적인지 확인한다.

② **근육 강화 운동** : 얼굴 근육을 강화하기 위해 표정 운동을 연습하는데 이는 미소 근육을 강조하고 제어할 수 있는 능력을 향상시킨다. 예를 들어, 입술을 확장하고 점점 미소를 넓혀보거나, 입술을 약간 옆으로 당기는 등의 운동을 할 수 있다.

③ **긍정적인 상상력 연습 :** 스마일 트레이닝 중에는 긍정적인 이미지를 상상하며 스마일을 연습하는 것도 도움이 된다. 즐거운 상황이나 웃긴 일을 상상하고 그에 맞는 스마일을 연출해본다.

④ **일상 생활에서 스마일 연습하기 :** 스마일 트레이닝은 일상생활에서도 적용할 수 있다. 다른 사람들과 대화하거나 소통할 때 의식적으로 스마일을 지으며 자신의 표정을 조절한다.

⑤ **자신감 강화 :** 스마일 트레이닝은 자신감을 향상시키는 데 도움을 준다. 자신의 외모와 표정에 대한 긍정적인 자아 이미지를 형성하고, 스마일로 자신을 더욱 매력적으로 보이게 할 수 있다.

2) 보이스 연출법

보이스 연출법은 음성을 효과적으로 사용하여 의사소통하고 상황에 적합한 효과를 내는 기술로 연기, 말하기, 발표, 방송, 녹음 등 다양한 상황에서 활용될 수 있다. 음성 훈련, 연습과 경험을 통해 보이스 연출 기술을 개선할 수 있다. 음은 보이스 연출법의 몇 가지 요소에 대한 설명이다.

① **발음**(Pronunciation) **:** 올바른 발음은 명확하고 이해하기 쉬운 음성 전달을 도와준다. 각 단어의 음절, 알파벳, 발음 기호 등을 올바르게 구사하는 것이 중요하며 특히 외래어나 전문용어 등에 대한 발음에 주의해야 한다.

② **발성**(Articulation) **:** 발성은 음절이나 단어를 명확하게 발음하고 구별하도록 하는 것으로 각 음절을 정확하게 발성하고, 발음이 모호하지 않도록 구별되게 발음하는 것이 중요하다. 발음과 발성은 언어의 이해도와 의사소통에 큰 영향을 미친다.

③ **강세와 강조**(Stress and Emphasis) : 문장이나 구절에서 특정 단어나 음절에 강세를 두거나 강조하여 의미를 명확히 전달할 수 있다. 강세와 강조를 적절히 사용하여 중요한 내용을 강조하고, 감정이나 의도를 전달할 수 있다.

④ **톤**(Tone) : 톤은 음성의 감정적인 특성을 나타내며 목소리의 톤은 말하는 사람의 태도, 감정, 의도 등을 전달한다. 상황에 맞는 톤을 선택하여 적절한 감정이나 의도를 표현할 수 있으며 톤은 활기차고 열정적인 톤, 진지하고 공손한 톤, 부드럽고 친근한 톤 등 다양한 스타일로 사용될 수 있다.

⑤ **속도와 리듬**(Pace and Rhythm) : 발음의 속도와 리듬은 의미 전달과 이해에 영향을 준 다. 적절한 속도로 발음하여 청중이 이해하기 쉽고 따라가기 편하게 할 수 있으며 문장 간의 간격과 흐름을 조절하여 발화의 리듬을 조절할 수 있다.

⑥ **감정 표현**(Emotional Expression) : 음성을 통해 감정을 표현하고 전달하는 것은 의사소통의 효과를 높일 수 있다. 목소리의 변화, 음조의 조절, 감정에 맞는 표현 등을 통해 감정을 자연스럽게 전달할 수 있다.

3) 보디랭귀지(Body language) 표현법

보디 랭귀지는 비언어적인 수단으로써 우리의 자세, 태도, 움직임 등을 통해 표현하는 것을 말한다. 보디 랭귀지는 말보다 강력한 의사소통 도구로 작용하며, 상황에 따라 다양한 메시지를 전달할 수 있으며 상황에 따라 표현법은 달라질 수 있다.

자세, 제스처, 표정 등을 적절히 사용하여 상대방과의 의사소통을 더욱 효과적으로 하도록 연습하고 익히는 것이 중요하다. 다음은 보디 랭귀지를 표현하기 위한 요소들이다.

① **자세**(Posture) : 자세는 우리의 태도와 감정을 보여준다. 바른 자세는 자신감과 자연스러움을 나타내며, 몸을 편안하고 긴장을 늦추는 역할을 한다. 직립 자세, 어깨를 펴고 등을 피고, 허리를 편하게 유지하는 것이 중요하다.

② **손 제스처**(Hand Gestures) : 손 제스처는 말을 보조하고 강조하는 데 사용된다. 손을 움직이는 것으로 감정, 설명, 강조 등을 전달할 수 있으며 다양한 손 모양과 동작을 사용하여 효과적인 손 제스처를 연습할 수 있다.

③ **눈동자와 시선**(Eye Contact and Gaze) : 눈동자와 시선은 상대방과의 연결과 관심을 나타낸다. 직접적인 눈맞춤과 적절한 시선은 신뢰와 소통을 촉진하고 상대방과의 눈맞춤을 피하지 않고, 너무 긴 시간 동안 응시하지 않는 것이 중요하다.

④ **워킹**(Walking) : 워킹은 자신의 태도와 자신감을 보여주는 데 중요한 역할을 한다. 바른 자세와 우아한 걸음걸이와 일정한 속도와 자연스러운 움직임을 유지하며, 자신의 태도를 잘 표현할 수 있도록 노력해야 한다.

⑤ **표정**(Facial Expressions) : 표정은 우리의 감정과 의도를 나타낸다. 다양한 표정을 사용하여 기쁨, 분노, 슬픔, 놀람 등을 표현할 수 있으며 자연스럽고 일치하는 표정을 연습하여 명확하고 일관된 메시지를 전달할 수 있다.

⑥ **몸의 움직임**(Body Movements) : 몸의 움직임은 우리의 의도와 에너지를 전달한다. 팔의 움직임, 몸의 회전, 허리의 동작 등을 통해 자신의 자신감이나 열정을 나타낼 수 있으며 몸을 자유롭게 움직이고 균형을 유지하는 것이 중요하다.

4) 대화법

대화법은 상대방과의 의사소통을 원활하게 이루기 위해 사용되는 기술과 접근 방법으로 좋은 대화를 이루기 위해 도움이 되는 지침이다. 실제 대화에서는 상황과 상대방의 특성에 따라 유연하게 대응해야 하며, 연습과 경험을 통해 개선할 수 있다. 다음은 대화법의 몇 가지 요소에 대한 설명이다.

① **적극적인 듣기 :** 대화의 핵심은 상대방을 존중하고 이해하려는 자세로 듣는 것이다. 적극적인 듣기는 진정으로 관심을 가지고, 상대방의 이야기에 집중하며, 비판이나 판단을 내세우지 않는 것을 의미한다. 상대방의 말을 인정하고 이해하기 위해 질문을 하며 상황에 맞는 피드백을 제공하는 것이 중요하다.

② **문제 해결과 협력 :** 대화는 종종 문제 해결과 협력의 과정으로 서로의 의견을 이해하고 존중하며, 서로의 요구와 필요를 고려하면서 해결 방안을 찾아가는 것이 중요하다. 갈등이나 의견 충돌이 있을 때는 상대방의 관점을 이해하려고 노력하고, 상호간의 협의와 타협을 통해 해결책을 찾아나가야 한다.

③ **명확하고 간결한 표현 :** 대화에서 명확하고 간결한 표현은 오해를 방지하고 의사소통을 원활하게 한다. 명확하고 구체적인 언어를 사용하여 의미를 명확히 전달하고, 중복되거나 모호한 표현을 피하는 것이 중요하며 간결하게 요점을 전달하고, 필요한 정보를 제공하는 것이 좋다.

④ **적절한 비언어적 요소 활용 :** 말뿐만 아니라 비언어적인 요소도 대화에서 중요한 역할을 한다. 표정, 제스처, 몸의 움직임 등을 적절히 활용하여 상대방에게 의도와 감정을 전달하고, 상황에 맞는 반응을 보이는 것이 중요하다.

⑤ **상황에 맞는 대화 스타일 :** 상황과 상대방에 맞는 대화 스타일을 선택하는 것이 중요하다. 공손하고 정중한 태도로 상대방과 대화하면서 상황에 따라 적절한 어조와 톤을 사용하고 각각의 상황과 상대방의 성격, 문화적인 차이 등을 고려하여 대화를 진행해야 한다.

2. 고객 응대 서비스

1) 고객 서미스 마인드

(1) 사원 기본요소

① 의욕

- 의욕은 활기찬 매장 운영을 위한 기본이다.
- '모든 것의 기초가 되는 것이 의욕이다.'

② 체력

- 체력이란 건강과 마찬가지이다.
- '건강은 매장 운영 시 중요한 시기에 영향력을 발휘하고 끈기 있게 업무를 수행하는 원동력이다.'

③ 애정

- 자신 일에 대한 애정이 고객에 대한 애정이며 상품을 사랑하고 매장 (동료 사원포함)을 사랑하는 것이다.

- '고객을 사랑하는 판매사원은 고객의 마음을 알고 지금 고객이 무엇을 원하고 있는가를 손쉽게 알게 된다.'
- '판매상품 및 근무 상황에 애정을 품고 있다면 고객에 대해서도 자신감을 가지고 권할 수 있게 된다.'

(2) 샵 사원 행동의 5S 원칙

① SMILE(웃는 얼굴) : 밝은 마음, 감사의 마음은 웃음을 띤 얼굴과 미소로써 표현된다.

㉠ 에티켓 : 상대에게 폐를 끼치지 않는 것이다.

㉡ 스마일의 3요소 : 건강, 정신적인 여유, 고객의 입장을 헤아리는 것이다.

② SPEED(신속) : 신속한 움직임으로 활기와 밝은 분위기를 연출하며, 기다리지 않게 하는 것이 서비스의 중요한 분야이다.

③ SMART (기법, 아름다움) : 정교, 공들인다, 깨끗한 것

㉠ 손재주가 있어야 하는 일을 능숙하게 해냈을 때 신뢰를 얻는다.

㉡ 포장이나 동작 등은 예쁘고 능숙하게 한다.

④ SINCERITY(성실) : 인간으로서도 사원으로서도 근본이 되는 중요한 마음가짐이다.

⑤ STUDY(연구) : 자기 계발, 꾸준히 공부한다.

㉠ 반드시 매장 근무 시 사원의 이름·신상에 대해 기억한다.

㉡ 고객 응대 스킬 및 상품 지식을 연구한다.

(3) 서비스마인드 제고를 위한 기초사항

① 복장과 용모를 단정히 한다.
② 출퇴근 시간 등을 엄수한다. 출근하면 상사나 동료에게 먼저 인사하며 퇴근 시에는 자신에게 주어진 공간을 정리정돈한다.
③ 근무 시간에는 정해진 장소 주어진 업무에 전념한다. 어쩔 수 없는 이유로 일하는 장소를 이탈해야 할 때는 상사 또는 동료에게 용건, 소요 시간 등을 말한다.
④ 어쩔 수 없는 사정으로 지각, 조퇴, 결근할 경우 반드시 사전에 상사에게 보고해야 한다. 어쩔 수 없는 사정이 있을 때는 반드시 사전에 상사에게 보고해야 한다.
⑤ 업무상 실수나 불만 제기가 있는 경우 곧바로 상사에게 보고한다.
⑥ 자리를 이석 할 때 동료에게 업무인계를 확실히 한다.
⑦ 항상 반듯한 자세로 업무에 임해야 한다.
⑧ 고객 대기시간 중 불쾌한 행동이 발생하지 않도록 유의해야 한다.
⑨ 항상 신속하고 정확한 업무처리를 한다.
⑩ 밝은 미소와 따뜻한 말로 언제나 고객을 친절하게 응대한다.

2) 서비스 이미지메이킹

(1) 서비스인의 이미지메이킹

이미지란 마음속에 그려지는 사물의 감각적 영상·심상이며 타인의 거울에 비친 모습이요, 자신이 타인에게 공개하도록 허락한 나의 총체이다.

① 이미지메이킹이란

㉠ 이미지메이킹의 중요성

이미지메이킹은 현대 생활 예절의 필요한 요소로서 자신을 돌보고 관리하는 것에서 시작하여 타인을 배려하는 것으로 이어지는 사회적 행위이다.

이미지메이킹은 자신을 좀 더 매력적으로 표현하고자 하는 것에서 시작하여 구체적으로 자신을 디자인해 나가는 과정이 되겠는데 이는 시각 언어의 효율적 사용을 통한 자신 최상의 모습을 끌어내는 일이다.

절제된 외모는 에의 바른 행동을 불러오며 조화로운 자기관리는 좋은 이미지 창출에 기여한다.

자신의 차별화, 특성화 전략은 경쟁 시장에서의 성패를 좌우한다. 이처럼 자신의 단점을 보완하고 장점을 부각하는 효과적 기술로서의 이미지메이킹은 이제 특정 전문인에게만 국한된 분야가 아니라 현대인에게 있어 성공적인 삶을 위한 필수 요소이다.

ⓛ 이미지의 어원

이미지 (Image)는 라틴어 이마고 (Imago: 흉내 내다)가 그 어원이며, 사전적인 의미로는 형태나 모양, 느낌, 영상, 관념 등을 의미한다. 따라서 이미지는 어느 대상, 특히 사람의 경우 외적인 모습, 상상, 또는 상징, 표상이라고 정의된다.

ⓒ 이미지에 대한 느낌, 생각

한 사람이나 한 기업의 모습을 떠올리면 그 사람이나 그 이름과 함께 마음속에 떠올려지는 얼굴, 생김새, 표정, 음성, 말투, 옷차림, 걸음걸이, 함께 있을 때의 느낌, 성격, 신뢰감 등 수많은 생각들이 엉키고 풀리면서 점차 하나의 형체가 만들어진다. 이렇게 우리 나름의 사고와 취향에 따라 편집되어 만들어지는 그 사람이나 그 기업에 대한 생각의 덩어리, 하나로 통합되는 독특한 감정, 고유한 느낌들이 있는데 이것이 한 사람이나 한 기업이 가지고 있는 행위 결과로서의 이미지라고 할 수 있다.

호감 이미지를 위한 '체스(CHES)의 법칙'

C (Chin_턱)	턱은 약간만 들어도 차갑거나 권위적인 느낌을 준다. 하지만 너무 내리면 눈치를 보는 소심한 이미지를 주기가 쉽다.
H (Head_머리)	머리를 한 쪽으로 기울이면 의심하거나 무성의해 보일 뿐만 아니라, 시선이 곁눈질이 될 수 있으니 주의한다.
E (Eye_눈)	눈은 눈동자만 돌리지 말고 고개 전체를 돌려서 상대방을 정면으로 쳐다보는 것이 신뢰감을 준다.
S (Smile_미소)	항상 웃고 다니면 실없어 보이거나, 가벼워 보일까봐 웃지 못하는 사람이 많다. 하지만 부드러운 미소는 자신감의 표현이다.

이미지의 효과

- ▶ 부정성 효과(Negative Effect) : 부정적인 정보가 나타나면 다른 긍정적인 정보보다 부정적인 것에 더 비중을 두고 인상을 평가한다.
- ▶ 초두 효과(Primary Effect) : 대부분의 경우 먼저 제시된 정보가 나중에 들어온 정보보다 전반적인 인상 형성에 더욱 강력한 영향을 미치는 것을 말한다.
- ▶ 인지적 구두쇠 효과 : 일반적인 사람들이 자기 주변의 것을 인식하는 데 있어 가능하면 큰 노력을 들이지 않으려는 속성이 있다.
- ▶ 폴리아나(Polyamma Effect) 효과 : 기왕이면 좋게 사람들을 평가하려는 그런 경향을 말하며 '인물 긍정성 편향'이라고도 한다.
- ▶ 후광 효과(Halo Effect) : 어떤 사람이 가지고 있는 두드러진 특성이 그 사람의 다른 특성을 평가하는데 전반적인 영향을 미치는 효과

3. 글로벌 비즈니스 매너

글로벌 비즈니스 매너의 기본은 세계 어느 곳에서나 통용되는 기본예절이다. 또한, 특정 국가나 문화의 종교, 전통, 예절 등을 고려하여 행동해야 한다.

1) 명함 매너

비즈니스뿐 아니라 대인관계에서도 명함을 교환하게 된다. 명함은 상대방에게 자신을 소개하고, 오랫동안 기억시키는 수단이다.

(1) 명함 교환

① 명함을 줄 때

㉠ 명함을 교환할 때에는 자신을 먼저 소개하고, 상대방에게 명함을 주도록 한다.

㉡ 명함은 지위, 나이 등이 아래인 사람이 윗사람에게 먼저 건네 인사하는 것이 예의이다.

㉢ 명함을 전달할 때, 상대방이 이름을 읽기 편하도록 상대방 쪽으로 향한다.

㉣ 명함은 상대방의 가슴 높이 위치에서 전달하는 것이 좋다.

② 명함을 받을 때

㉠ 명함을 주고받을 때는 명함 코너를 잡는 것이 좋다.

㉡ 상대방의 명함을 받을 때는 이름과 정보를 즉석에서 확인한다. 어려운 한자거나 불어, 영어 등으로 이해가 어려울 때는 바로 확인하여 다음에 실수하지 않도록 한다.

㉢ 명함은 두 손으로 받거나 명함 코너를 잡아 받는다. 왼손바닥으로 받기도 한다.

㉣ 상대방의 명함을 받을 때는 이름과 정보를 즉석에서 확인한다. 어려운 한자거나 불어, 영어 등으로 이해가 어려울 때는 바로 확인하여 다음에 실수하지 않도록 한다.

(2) 명함 보관

① 명함은 구겨지지 않도록 잘 보관하고, 깨끗한 명함을 상대방에게 전달한다.

② 원칙적으로 명함 수첩에 넣어 상대방에게 건넨다. 최근에는 명함만을 건네기도 한다.

③ 받은 명함은 바로 보관하고, 구기거나 놓고 가지 않도록 한다.

2) 공공장소 매너

다수가 이용하는 공공장소에서는 기본 에티켓을 지키도록 해야 한다. 모르는 사람에게 지키는 매너도 중요하다.

(1) 야외 매너

① 길을 걸을 땐, 남성이 차도 쪽으로 걷도록 한다. 동성일 땐, 연장자가 안쪽에 서고, 아이와 걸을 땐 아이가 안쪽으로 걸을 수 있도록 한다.

② 다른 사람과 신체적 접촉이 일어나지 않도록 주의한다. 특히 사람이 많은 곳에서 부딪힌 경우, 먼저 사과하는 모습을 보이는 것이 좋다.

③ 서양 문화에서는 야외에서 매이크업이나 헤어스타일을 수정하는 것을 정숙하지 못한 것으로 생각하므로 주의한다.

④ 쓰레기를 버리거나 침을 뱉는 등의 타인에게 불쾌감을 주는 행위를 자제한다. 휴지통이 없을 때는 가방 속에 넣거나 들고 있다가 버리도록 한다.

(2) 실내 매너

① 건물에 들어갈 때는 뒤에 걸어들어오는 사람을 고려하여 문을 잠시 잡도록 한다.

② 문을 잡아주거나 순서를 양보해준 경우에는 고마움의 인사를 전한다.

③ 실내에서는 큰 소리로 이야기하거나, 사람 이름을 크게 부르지 않는다.

④ 엘리베이터 탑승 시, 순서대로 탑승하며 다른 사람이 모두 탈 때까지 열림 버튼을 눌러준다. 정원 초과일 때는 마지막에 탄 사람이 내린다.

⑤ 에스컬레이터 탑승 시, 순서대로 탑승하며, 한쪽 방향으로 선다.

⑥ 화장실, 식당 등에서 대기가 있는 경우, 한 줄로 서서 기다린다. 화장실 사용 후에는 뒷정리를 깨끗이 하고, 손을 씻도록 한다.

(3) 대중교통 매너

① 남성과 여성이 함께 대중교통을 이용할 때는 여성이 먼저 타도록 유도한다. 내릴 때는 남성이 먼저 내려 여성이 내리는 것을 도와준다.

② 택시 등의 자동차에서는 운전석 뒷자리 오른쪽 좌석이 상석이다. 2명 이상이 탄 경우, 두 번째가 뒷좌석 왼쪽 자리, 가운데 좌석 순으로 앉는다.

③ 지하철이나 기차에서는 내리는 사람이 먼저 내리고 그 후에 타도록 한다. 출입구나 통로의 길을 막지 않도록 하며, 큰 짐은 구석에 놓거나 선반 위에 올려준다.

④ 다수가 이용하는 대중교통에서는 지나치게 큰 소리를 내지 않아야 하고, 음악 소리, 통화 소리도 주의한다. 흡연은 삼가며, 쓰레기를 두고 내리지 않도록 한다.

3) 공항 이용 매너

비행기는 다수가 이용하는 대중교통 시설이며, 안전하게 이용해야 한다. 해외 출·입국시에는 여권과 비자를 미리 준비하도록 한다.

(1) 좌석 예약

비행기는 가장 상급자가 마지막으로 타고 먼저 내릴 수 있도록 좌석을 배치하는 것이 좋다. 단거리 이용 시에는 창가가 상석이며, 장거리 이용 시에는 통로가 상석이다. 최근에는 인터넷을 통해 예약을 미리 진행하므로, 좌석 선택이 비교적 쉽다.

(2) 탑승 준비

기내에는 기내용 작은 캐리어만 실을 수 있으므로 크고 무거운 짐은 공항 체크인 시 미리 부친다. 체크인 및 여권 심사 등으로 시간이 필요하므로 공항에는 최소 3시간 전에 도착하는 것이 좋다.

(3) 기내 매너

① 가방 또는 가벼운 소지품은 선반에 보관하고, 무거운 소지품은 안전을 위하여 좌석 아래에 보관한다. 선반에 물건을 올리는 사람이 있을 때는 도와주는 것이 매너이다.

② 착석 후에는 안전띠를 착용한다. 안전띠는 이·착륙 시 반드시 착용해야 하며, 비행 중에는 풀어도 되나 기류에 따라 경고등이 표시되면 다시 착용한다.

③ 장시간 비행 시에는 편한 옷차림 또는 슬리퍼 착용이 가능하나 지나친 탈의는 타인에게 불쾌감을 유발하므로 주의한다

④ 기내 화장실은 남녀공용으로 이용 여부(Occupied, Vacant)가 표시되므로 확인하고 사용한다. 세면대는 깨끗이 사용하고, 쓰레기를 남기지 않는다.

4) 호텔 이용 매너

호텔에서는 다양한 서비스가 제공된다. 무료 서비스와 유료 서비스를 구분하여 이용하고, 기본적인 에티켓을 지키도록 한다.

(1) 호텔 객실 열쇠

객실 열쇠는 방을 여는 기능뿐 아니라 일정 장소에 놓아야 전원이 연결되는 등의 부가기능이 첨가된 카드 형태가 자주 사용된다. 도난을 방지하기 위하여 외출 시에는 프론트에 맡기기도 한다. 방문이 닫히면 자동으로 문이 닫히므로 열쇠 없이 문이 닫히지 않도록 주의한다.

(2) 실내 슬리퍼

호텔은 신발을 그대로 신고 들어가되 객실 입장 후 준비된 실내 슬리퍼를 신는다. 객실 슬리퍼는 객실 내에서만 신도록 하며, 로비 등 객실 외부에서 신지 않는다.

(3) 호텔 욕실

일반적인 한국 가정의 욕실과 다르게 호텔 욕실은 건식으로 사용되는 경우가 많다. 샤워할 때에는 샤워 커튼을 욕조 안으로 들여놓아 물이 밖으로 튀지 않도록 한다. 얼굴 전용, 몸 전용, 손 전용, 발 전용 수건이 각각 비치된 경우가 많으므로 용도에 맞게 사용한다.

(4) 룸서비스

객실 내에서 사용할 수 있는 서비스는 전화를 이용한 모닝콜(Morning Call), 미니바(Mini Bar), 룸서비스 식사 메뉴 등이 있다. 미니바, 식사 등은 비용이 발생하므로 일반적으로 객실 체크인 시 신용카드를 미리 선급 결제하여 보증금(Deposit)을 걸어놓거나, 후지급 결제한다.

2박 이상 사용 시에는 외출 시 객실 청소가 진행되며, 방해받고 싶지 않으면 DD(Do not Disturb) 카드를 객실문 바깥 문고리에 걸어두는 것이 좋다.

(5) 세탁 서비스

호텔 내 세탁 서비스는 론드리(Laundry) 서비스라 한다. 세탁과 다림질까지 진행되며 후지급 결제가 일반적이다. 최근에는 셀프 론드리 서비스가 준비되어 있는 호텔도 많다.

(6) 팁 매너 (Tip)

해외 호텔에서는 팁(Tip) 문화가 보편적이다. 일반적으로 발렛 서비스(Valet Service)를 제공하는 도어맨(Door Man), 객실 청소를 담당하는 룸메이드(Room Maid), 짐을 옮겨주는 벨 맨(Bell Man)은 하루 1달러로 외출 시 베개나 잘 보이는 탁자 위엔 놓아둔다. 룸서비스 식사 시에는 15%의 배달 서비스가 추가되어 나오는 경우가 많다.

5) 테이블 매너

테이블 매너는 함께 음식을 즐기기 위한 서로 간의 약속으로 예의의 기본 표현이다. 레스토랑에서의 기본 에티켓을 이해하고, 다른 사람에게 혐오감을 주지 않도록 주의한다.

(1) 식당 이용

① 식당 예약

고급 식당의 경우, 사전 예약이 필요한 경우가 많다. 식사시간, 인원수, 식사목적, 예상 메뉴 및 가격 등을 미리 알리며, 변경 상황이 발생한 경우 최소 하루 전에 연락하도록 한다.

② 식당 도착

식당에 도착 후에는 안내된 좌석에 착석한다. 주빈 또는 나이, 지위가 높은 사람이 상석에 앉으며, 상석은 주로 출입문에서 가깝지 않은 자리에 위치한다.

③ 자리 착석

남성과 여성의 식사 시에는 여성의 좌석을 빼주어 먼저 앉게 하는 것도 예의이다. 어른이나 윗사람과 함께하는 자리에서는 먼저 착석하는 것을 확인 후 앉는 것이 좋다. 가방, 모자 등의 소지품은 테이블 위에 놓지 않도록 하며, 휴대전화를 자주 보지 않도록 한다.

(2) 식사 매너

① 테이블 냅킨

테이블 냅킨은 전원이 착석 후 살짝 펴서 다리에 얹는다. 식사 도중 음식이 입가에 묻었을 때, 살짝 눌러 닦는 정도의 용도로만 사용한다. 뷔페 이용 등 자리를 비울 때는 의자 위에 냅킨을 놓는다.

② 식사 주문

메뉴는 앞 페이지부터 차례로 천천히 보고, 상대방을 배려하여 적당한 가격대의 메뉴를 선택한다. 남성과 여성의 식사 시에는 여성이 먼저 주문하도록 유도한다.

③ 포크와 나이프

접시를 중심으로 오른쪽에 나이프, 왼쪽에 포크가 놓인다. 오른속으로 나이프를, 왼손으로 포크를 잡아야 한다. 양식 식사에서는 나이프와 포크를 메뉴에 따라 다른 것을 사용하며, 일반적으로 바깥쪽에 있는 것부터 사용한다.

식사 중에는 나이프와 포크를 접시 위에 교차하게 놓고, 식사가 끝나면 접시 위에 나란히 모아둔다.

식사 시작

식사 중

식사 마무리

4. 면접 이미지

21세기 현대 사회에는 대기업, 중견기업, 중소기업, 소기업, 소상공인 등 다양한 규모의 기업체와 다양한 직종, 직업에서 인재가 필요하다. 기업에서는 성실성, 창의성, 전문성, 문제해결 등 지원자의 능력을 평가하는 방식으로 면접을 진행하고 있으며, 기술의 발전과 코로나 팬데믹의 영향으로 비대면 면접이 이뤄지고 있는 등 면접 장소 및 진행 방식도 다양해지고 있다. 면접에 임하기 위해서는 면접 장소와 진행 방식에 맞는 준비가 필요하며, 이미지메이킹이 필수적이다.

1) 면접 이미지메이킹

(1) 면접 방식

① 개별 면접

㉠ 1:1 면접

면접관과 지원자가 1:1로 진행되는 면접 방식으로 지원자에 관하여 구체적으로 질문하고 정보를 얻을 수 있으나 진행 시간이 오래 걸린다는 단점이 있다. 1:1 면접에서는 차분하고 신중한 태도로 간단 명료하며 정확한 답을 하도록 한다.

㉡ 다수:1 면접

면접관 다수가 한 사람을 대상으로 진행하는 면접 방식으로 시선 처리가 매우 중요하다. 질문한 면접관을 보며 대답하되, 다른 면접관에게도 시선 처리해야 한다. 일반적으로 2~3분간 자기소개 후, 지원 동기, 지원 업무, 업무 계획 등에 관한 질문에 대답한다.

㉢ 발표 및 프레젠테이션 면접

면접에 관한 주제를 제시하고, 관련된 내용을 주제로 발표 및 프레젠테이션을 진행한다. 발표의 경우 대체로 당일 주제를 주며, 프레젠테이션은 미리 정보를 주어 전문 지식이 필요한 경우가 많다.

(2) 집단 면접

① 그룹 면접

다수의 면접관이 여러 지원자의 면접을 진행하는 방식으로 일반적으로 면접관이 5명 이내로 구성된다. 여러 지원자를 동시에 비교하며 관찰할 수 있고, 개별 면접에 비해 객관적인 장점이 있다. 다른 지원자가 말할 때는 고개를 살짝 끄덕이며 경청하는 것이 좋고, 다른 지원자보다 좋은 대답을 할 수 있도록 노력한다.

② 집단 토론 면접

면접자들을 팀(Team)으로 구성하여 주제를 주고 서로 토론하는 과정을 통해 인재를 찾는 평가 방식의 면접이다. 다수의 구성원 안에서 개인의 의견을 듣고 말하고 전달하는 과정을 통해 개인의 설득 능력, 협동 능력, 판단능력, 공동체 의식 등을 평가할 수 있다.

일반적으로 팀은 5~8명 내외로 구성되며, 토론 시간 내 적당히 의견을 얘기할 수 있어야 한다. 지나치게 자기 의견을 오래 얘기하는 것이 좋지 않다.

면접을 위한 Tip

① 올바른 자세와 밝은 표정과 말투로 자신감 있는 모습을 어필한다.

② 자신의 장점을 강점으로 부각하고, 회사가 원하는 대답을 해야 한다.

③ 의견을 전달하는 것만큼 다른 사람의 의견을 듣는 것도 중요하다.

④ 최근 소통 및 간접 광고를 위한 SNS 운영 여부를 점검하는 회사가 늘어나고 있으므로 관심을 두도록 한다.

⑤ 성실한 이미지를 보여주고, 긴장을 풀기 위해 면접 시간에 일찍 도착한다.

(3) 면접 이미지

면접은 처음 만나는 사람에게 긍정적인 평가를 끌어내야 하므로 이미지가 중요하게 작용한다. 표정, 자세, 말투뿐 아니라 외모 이미지가 좋으면 면접관에게 호감을 줄 수 있다.

① 성별에 따른 면접 이미지

㉠ 여성

자연스럽고 밝은 이미지로 자신의 얼굴형, 체형을 고려하여 이미지를 연출한다. 지나치게 화려하거나 민얼굴은 피하고, 직업, 직무에 따라 적합한 메이크업을 연출한다. 헤어스타일은 자연 갈색 또는 회갈색의 단정하고 지적인 이미지가 잘 어울린다. 일반적으로 웨이브펌보다는 숏 스트레이트, 롱 스트레이트의 깔끔한 스타일이 적합하다.

의상은 화이트, 그레이, 블랙의 뉴트럴 톤(Neutral Tone)에 가까운 투피스 정장 또는 바지 정장으로 색을 절제하여 심플하고 세련되게 표현한다. 구두는 5~7cm 정도의 펌프스와 단아한 가방, 액세서리로 연출한다.

㉡ 남성

단정하고 신뢰감 있는 이미지 연출을 위해 짙은 갈색 또는 검정색의 헤어 컬러로 연출하고, 긴 헤어스타일보다는 짧고 자연스러운 헤어스타일을 연출한다.

어두운 회색 계열, 다크 톤의 청색 계열의 슈트 정장을 입으며, 베이지, 카키, 붉은 계열의 정장 컬러는 피하도록 한다. 셔츠는 화이트, 베이지 등 밝은 색상을 선택하고, 넥타이는 단색, 작은 줄무늬, 어두운 계열로 연출한다. 구두는 블랙이 가장 좋고, 양말은 흰색을 피하고 검정 등 어두운색을 선택한다.

여성의 면접 이미지

남성의 면접 이미지

② 직업에 따른 면접 이미지

㉠ 사무직

대기업, 공기업, 금융업 및 공무원을 비롯한 사무직 분야는 신뢰감 있고 성실한 이미지가 중요하므로 단정한 이미지를 연출한다. 보수적인 사내 환경을 고려하여 화려한 색상을 배제하고, 화이트, 그레이, 블랙 등의 무채색 계열의 의상을 선택하는 것이 추천한다.

남성의 경우 블루 계열의 넥타이로 신뢰감 있는 이미지를 상승시키고, 여성의 경우 밝은 블라우스와 무채색 투피스 정장으로 연출한다.

Ⓛ 패션·뷰티·예술 분야

패션, 뷰티, 예술 분야는 트렌드한 이미지로 도시적이고 개성 있는 이미지로 연출한다. 남성의 경우 슬림한 디자인의 정장을 선택하거나 세미 정장으로 연출하고, 여성의 경우 트렌드를 반영한 의상 또는 바디라인이 드러나는 정장 원피스가 잘 어울린다.

ⓒ 서비스·영업 분야

고객과 대면하는 서비스와 영업 분야는 활동적인 이미지로 단정하고 세련된 이미지로 연출한다. 지나치게 전통적인 정장보다는 편안한 이미지의 정장을 추천한다.

남성의 경우 밝은 셔츠와 밝은 넥타이, 여성의 경우 밝은 블라우스 또는 셔츠에 깔끔한 스커트가 잘 어울린다.

사무직

패션 · 뷰티 · 예술 분야

서비스 · 영업 분야

④ 면접 이미지메이킹

㉠ 스피치

스피치	이미지메이킹
목소리	· 목소리 크기는 면접관이 정확히 들을 수 있도록 조절한다. · 떨리는 목소리를 방지하기 위해 긴장을 풀고 면접에 응하도록 한다. · 말이 너무 빠르거나 느리지 않도록 속도를 조절한다. · 발음을 정확하게 하도록 한다.
말투	· 얼버무리지 않고 정확하게 끝까지 말한다. · '~생각합니다', '~습니다' 등 경어를 사용한다. · 부정적인 말투는 피하고, 긍정적인 말투를 사용한다. · 거짓이나 과장하는듯한 말투를 피한다.
화법	· 지나치게 단답형보다는 논리적으로 간결하게 말한다. · 너무 트렌디하거나 어려운 단어 사용을 피한다. · 질문 후 바로 대답하는 것보다 잠시 생각을 정리한다. · 질문을 이해하지 못한 경우, 정중히 질문을 재요청한다. · 모르는 질문을 경우, 정답이 아니더라도 침착하게 말한다.

㉡ 태도

태도	이미지메이킹
표정	· 지나치게 긴장한 표정을 피하고 자신감 있게 행동한다. · 밝고 겸손한 미소를 지으며, 편안하게 입꼬리를 올리는 것이 좋다. · 적극적이고 자신 있는 표정을 짓는다.
시선	· 질문한 면접관의 눈 방향을 바라보되, 지나치게 눈을 크게 뜨고 바라보지 않는다. · 면접관이 다수일 경우, 질문자 외 다른 면접관에게도 시선 처리하도록 한다. · 지원자가 다수일 경우, 다른 지원자가 답할 때 고개를 끄덕이며 경청하되 시선이 흐트러지지 않도록 주의한다.
행동	· 긴장으로 인한 경직됨을 풀고, 자연스럽게 행동한다. · 손이나 다리를 움직이는 등 불필요한 행동을 자제한다. · 입을 가리거나 얼굴 주변을 만지지 않는다. · 한숨을 쉬거나 눈을 많이 깜빡거리지 않도록 한다.

㉢ 자세

자세	이미지메이킹
서 있을 때	· 등과 허리 목을 펴고 바르게 일직선으로 선다. · 시선은 정면을 보고, 고개를 너무 숙이지 않는다. · 다리가 벌려지지 않도록 뒤꿈치를 붙이고 선다. · 걸을 땐 구두 소리가 나지 않도록 한다.
앉아있을 때	· 인사 후 앉으며, 의자 깊숙이 앉도록 한다. · 눕듯이 앉지 않고, 허리를 펴고 앉는다. · 시선은 면접관의 눈을 향해 정면을 보도록 한다. · 남성의 경우, 다리 폭이 벌려지지 않도록 주의하며 손은 주먹을 살짝 쥐어 무릎 부근에 놓는다. · 여성의 경우, 다리를 모아 11자로 세워서 앉으며 손은 허벅지 위쪽에 공손하게 놓는다.

면접에 적합하지 않은 자세

면접에 적합한 자세

2) 모의 면접

(1) 면접의 평가 요소

면접의 평가 요소	특징
자료 평가	이력서, 자기소개서 및 첨부된 자료를 기준으로 직무와 관련된 전공, 자격, 경력 등의 객관적인 자료와 성격, 사회성 등의 주관적인 자료를 평가한다.
이미지 평가	얼굴 인상 및 체형, 면접 의상 및 스타일의 외모와 태도, 자세 등의 지원자의 전반적인 이미지를 평가한다.
질의응답 평가	업무 관련 지식, 업무 수행 능력, 인성, 가치관 및 사회성, 대인관계 등을 질의응답을 통해 평가한다.

(2) 면접 상황에 따른 이미지메이킹

면접 상황	이미지메이킹
면접 대기	· 교통상황 및 긴장을 고려하여 대기실에 일찍 도착한다. · 미리 침착하게 앉아서 바른 태도로 앉아있도록 한다. · 호명하면 정확하게 대답 후 면접실로 이동한다.
입실	· 문을 2~3번 노크하고, 잠시 기다렸다 입장한다. · 가볍게 인사하고 입장하며, 발소리를 내지 않고 걷는다. · 자리에 도착 후에는 정중한 인사를 하고, 정해진 자리에 앉도록 하며, 의자 깊숙이 앉는다.
면접	· 침착하고 공손한 마음으로 여유를 가지고 질의응답한다. · 긴장을 풀고 자연스러운 표정으로 미소를 짓도록 한다. · 너무 튀는 행동을 자제하고, 스피치, 태도, 자세를 올바르게 한다. · 질문을 끝까지 정확하게 듣고, 간결하고 정확하게 대답한다.
퇴실	· 퇴실할 때까지 미소와 바른 자세를 유지한다. · 면접이 끝나면 정중하게 인사하고 면접장을 나온다. · 지원자가 다수일 땐, 순서대로 나갈 수 있도록 기다린다. · 문소리가 크게 나지 않게 조심히 여닫는다.

(3) 면접의 질문

면접의 질문	예시
지원 동기	· 우리 회사에 지원한 동기는 무엇입니까? · 우리 회사에서 하고 싶은 일은 무엇입니까? · 우리 회사에서 10년 후에 어떤 일을 하고 싶습니까?
자기 소개 및 성격	· 1분간 자기소개를 해보세요. · 본인이 생각하는 장단점은 무엇입니까? · 다른 사람이 평가하는 본인의 성격은 어떻습니까?
태도	· 싫어하는 일은 어떻게 처리합니까? · 스트레스 해소는 어떻게 합니까? · 야근에 대해 어떻게 생각합니까?
가치관	· 가장 존경하는 대상은 누구입니까? · 가지고 있는 직업관에 관하여 설명하세요. · 아침 시간과 저녁 시간에 주로 무엇을 합니까?
경험	· 직무와 관련된 경험이 있습니까? · 성공했거나 실패했던 경험은 무엇입니까? · 가장 도전적인 경험은 무엇입니까? · 아르바이트 경험이 있습니까?
회사	· 우리 회사의 장단점은 무엇입니까? · 우리 회사의 포지셔닝은 어디에 있습니까? · 우리 회사가 당신을 꼭 뽑아야 하는 이유는 무엇입니까?

부록

07

뷰티 이미지맵 실습

로맨틱 이미지(Romantic)

엘레강스 이미지(Ellegance)

뷰티 이미지맵 실습

클래식 이미지(Classic)

모던 이미지(Modern)

뷰티 이미지맵 실습

액티브 이미지(Active)

소피스트케이트 이미지(Sophisticated)

뷰티 이미지맵 실습

매니시 이미지(Mannish)

에스닉 이미지(Ethnic)

참고문헌

강혜원, 이금실, 고애란, 정미실, 남미우, 김양진 공저(2012), 의상사회심리학, 교문사.

김기영 외 공저(2019), 에센스 미용학개론, 메디시언.

김수진 외 공저(2020), 미용학개론, 아티오.

김영란, 김지양, 박길순, 송유정, 오선숙, 주명희, 홍성순(2012). 프로패셔널 이미지메이킹. 경춘사.

김영인, 한은주, 김희연(2008), 개인 색채 이미지에 기반한 통합적인 패션디자인 시스템 개발 2 :개인의 오감 이미지와 패션 이미지를 중심으로, 한국디자인학회지, 14(1), 46.

김윤아, 안채윤(2020), CS와 이미지메이킹, 구민사.

김정은 (2003), 〈직장인의 현명한 이미지 관리법〉. 서울 : 더난출판사. 6-8.

김재영 외 공저(2014), 이미지 메이킹, 예림.

남혜원, 전정희, 전인순 공저(2015), 기본매너와 이미지메이킹, 새로미.

박송애, 서은경(2013), 패션 포트폴리오 패션의 시각적 표현, 경춘사.

박정민(2008), 이미지 메이킹과 서비스 매너, 정림사.

박효원, 송서현, 유한나 공저(2017), 뷰티색채학, 성안당.

서진우, 김옥기 공저(2009), 이미지 메이킹 & 국제매너, 대왕사.

송서현, 유한나, 윤오선 공저(2018), NCS 기반 기본 메이크업, 진샘미디어.

오선숙, 홍성순, 김지양, 김순하, 이지현, 강정민(2022). 이미지메이킹. 경춘사.

오인영, 이수미, 안성준(2012), 메이크업 & 패션 스타일링을 위한 디자인 발상, 메디시안.

유한나 외 공저(2021), 합격보장 미용사 메이크업 필기, 성안당.

유한나 외 공저(2023), 속눈썹 뷰티 디자이너를 위한 속눈썹 디자인, 성안당.

이경희, 이은령(2017), 뉴 패션 디자인 플러스 발상, 교문사.

이선경, 권오혁, 이정민(2018). 퍼스널이미지메이킹, 구민사.

이선경, 이홍림 공저(2023), 비주얼 이미지 메이킹, 구민사.

이선경, 이홍림(2023), 비주얼 이미지메이킹, 구민사.

이진하 (2013b). 〈이미지 컨설턴트 양성 교육 프로그램이 직무 만족 및 직수 성과에 미치는 영향〉. 성균관대학교 석사학위논문 7-8.

조영아, 최경아, 안민숙, 김미경(2023), 샵 마스터 1. 3급. 교학연구사.

전미혜 (2011). 〈이미지메이킹 교육 프로그램에 관한 연구〉, 동신대학교 석사학위논문. 23-28.

정수인·신세영 외 (2011) 국내의 이미지 컨설팅 산업과 교육 현황 〈한국복식학회〉 61권 2호. 27-59

국가법령정보센터(공중위생관리법) www.law.go.kr

네이버 지식백과 https://terms.naver.com/

셔터스톡 이미지 www.shutterstock.com

www.imageprofessionalsassociation.org. 2015

Amos, B., Holmes, G., & Strutton, D.(2008). Exploring the relationship between celebrity endorser effects and advertising effectiveness: A quantitative synthesis of effect size. International Journal of Advertising, 27(2), 209-234.

gap Press, 프레타 포르테, VOL, 171, Milan New York, YUI SHIBATA, 2023, 4, 27.

gap Press, 프레타 포르테, VOL, 172, 2023, 5, 12.

Harter, S.(1999). The construction of the self: A developmental perspective. Guilford Press.

Leary, M. R.(2007). Motivational and emotional aspects of the self. Annual Review of Psychology, 58, 317-344.

Leary, M. R., & Tangney, J. P.(2012). Handbook of self and identity. Guilford Press.

McClelland, D. C., & Pilon, D. A.(1983). Sources of adult motives in patterns of parent behavior in early childhood. Journal of Personality and Social Psychology, 44(3), 564-574.

Rosenberg, M.(1986). Self-concept from middle childhood through adolescence. In J. Sedikides, C., & Brewer, M. B. (Eds.).(2001). Individual self, relational self, collective self. Psychology Press.

Swann Jr, W. B., Chang-Schneider, C., & McClarty, K. L.(2007). Do people's self-views matter? Self-concept and self-esteem in everyday life. American Psychologist, 62(2), 84-94.

저자 약력

오인영

- 경희대학교 일반대학원 의상학과 이학박사
- Ecole Superiéur Technique de Maquillage Artistique de Christian Chauveau 졸업
- 스위스 공인 〈CIDESCO〉 국제 메이크업 아티스트 자격증 취득
- 전 : KBS 'Art Vision' 방송 분장실 공채 1기 입사, 근무(1992~2000)
- 현 : 인덕대학교 방송메이크업학과 교수
  한국인체미용예술학회 편집위원
  한국화장품미용학회 이사

송서현

- 경성대학교 일반대학원 의상학과 이학박사
- 서울대학교 환경대학원 석사
- Universal Color System personal color, business course 수료
- San Cuore Color Coordinate professional course 수료
- 현 : 오산대학교 뷰티코스메틱계열 교수
  (사) 한국메이크업미용사회 대외협력 부회장
  J-INSTITUTE Public Value Executive Editor

유한나

- 이화여자대학교 의류직물학과 학사
- 한성대학교 뷰티예술학과 분장예술전공 석사
- 이화여자대학교 디자인학부 색채디자인전공 박사수료
- 현 : 한나 뷰티&컬러 대표
  (사) 한국메이크업미용사회 중앙회 이사
  인덕대학교 방송메이크업학과 겸임교수
  백석문화대학교 토탈뷰티학과 초빙교수